河北省特色优势农产品名录

（2018版）

河 北 省 农 业 厅
河北省委省政府农业农村工作办公室　编

中国农业出版社

图书在版编目（CIP）数据

河北省特色优势农产品名录：2018版 ／ 河北省农业厅，河北省委省政府农业农村工作办公室编．—北京：中国农业出版社，2018.7
ISBN 978-7-109-24325-5
审图号 冀S（2018）50号

Ⅰ．①河… Ⅱ．①河… ②河… Ⅲ．①农产品－商业品牌－河北－2018－名录 Ⅳ．①F327.22-62

中国版本图书馆CIP数据核字（2018）第152084号

中国农业出版社出版
（北京市朝阳区麦子店街18号楼）
（邮政编码 100125）
责任编辑 张 利 郭银巧

北京通州皇家印刷厂印刷 新华书店北京发行所发行
2018年7月第1版 2018年7月北京第1次印刷

开本：700mm×1000mm 1/16 印张：15.75
字数：210千字
定价：200.00元
（凡本版图书出现印刷、装订错误，请向出版社发行部调换）

编辑委员会

民以食为天，国以农为本。人类文明史，首先是一部农业发展史。绚丽多彩的历史文化，旖旎夺目的自然风光，会让人联想起某个国家或地区。但毫不夸张地说，如果一个地区经过长期实践选择保留下来一种独有农业形态、一种特色农产品，这个地区就有了一张瑰丽名片，而牢牢镌刻在人们的记忆里。特色农业是特定区域优秀传统农业的历史积淀，更是全人类的宝贵财富。传承好发展好特色农业，是全人类的责任。联合国粮农组织已遴选50项"全球重要农业文化遗产"（GIAHS），意在唤起觉悟、付诸行动，在继承和保护农业历史文明中，实现更好的发展。

只有民族的，才是世界的。中华大地孕育了最伟大的人民和最光辉灿烂的人类文明。华夏儿女勤劳智慧，勇于创新，不屈不挠，孜孜以求，创造了闻名于世、从未间断、璀璨耀眼的农业史。"桑基鱼塘""间套复种""农林间作"等复合生态栽培系统，《氾胜之书》《齐民要术》《农书》《农政全书》和《开工天物》等鸿篇巨制，代表着各个时代世界农业发展的最高水平。驯化改良、精耕细作、种地养地，顺天时应地力，与自然和谐相处等精华，已远远超越了时空，至今仍闪耀着智慧的光芒。我国有15项传统农业系统入选"全球重要农业文化遗产"，位居各国之首，与现已认定的91项"中国重要农业文化遗产"一起，共同记录了我们祖先对世界农业发展的巨大历史贡献。千百种特色农业，饱含着绿色生态的历史基因，承载着"乡愁"的历史血脉。传承发展这些优秀遗产，是我们这一代人肩负的历史使命。

"冀"在心田，乐享河北。"冀"既是河北的简称，又寓意着美好希望。这里地貌类型齐全，气候资源丰富，成就了多种农业形态存续的时空，当之无愧是中华民族的重要发祥地，是东方文明的摇篮。泥河湾人类遗迹考古证明，早在177万年前我们祖先就定居于这片沃土。"磁山文化"揭示，我们的先人8 000年前就大规模种植、贮存和食用谷黍。无数次民族迁徙、文明碰撞和文化交融的洗礼，养育出燕赵儿女坚韧不拔、敢闯敢试、兼收并蓄的优秀品格，培育出太行大枣、泊头鸭梨、燕山板栗、白洋淀莲藕和隆尧大葱等农业形态，传承千年仍生机勃勃。当今，在这个伟大时代，我们与时俱进、开拓进取，不断丰富农业新门类，培育特色新产品，形成产业新优势。融入当地文化、凝聚当代智慧的平泉香菇、富岗苹果、馆陶黄瓜、乐亭甜瓜、丰润生姜等新兴产业，多态融合发展、彰显绿色崛起的安国中药材、迁西板栗、鸡泽辣椒、万全鲜食玉米等特色聚集区，犹如雨后春笋蓬勃而出。在这片广袤的大地，已登记注册区域公用品牌农产品114种，入选"全球重要农业文化遗产"1项，入选"中国重要农业文化遗产"5项。这些历史的农业文明成果和当代的农业发展成就，书写了特色农业缤纷绚丽的河北篇章。

　　2017年中央1号文件和2018年中央1号文件，做出深化农业供给侧结构性改革、做大做强优势特色产业的战略部署。国家有关部门启动特色农产品优势区创建和认定工作，扎实推动特色农业发展。从最能体现特色与优势的区域公用品牌农产品产业发力，打造质量农业、科技农业、品牌农业、绿色农业，既是主动参与国际分工和市场竞争的需要，又能不断满足城乡居民日益增长的优质特色农产品需求，还可以广泛增加农民就近就业促进增收。本书作者收集、整理和介绍了103种河北省区域公用品牌农产品的产品特点、核心产地、生产现状和历史传承情况，体现出热爱河北、建设家乡的使命感，体现出奉献精品、服务大众的热情，言简意赅，重点突出，为广大消费者深入了解、切实体验河北的特色农产品提供便利，为更好地传承发展优势特色农业提供参考，为产销合作搭建桥梁。这项工作意义重大，谨作此序，以示祝贺。

中国工程院院士　刘旭

2018年7月9日

乡村振兴靠产业，产业兴旺要特色。2017年中央1号文件要求："实施优势特色农业提质增效行动计划，促进杂粮杂豆、蔬菜瓜果、茶叶蚕桑、花卉苗木、食用菌、中药材和特色养殖等产业提档升级，把地方土特产和小品种做成带动农民增收的大产业""开展特色农产品标准化生产示范，建设一批地理标志农产品和原产地保护基地。推进区域农产品公用品牌建设，支持地方以优势企业和行业协会为依托打造区域特色品牌，引入现代要素改造提升传统名优品牌"。2018年中央1号文件进一步要求："深入推进农业绿色化、优质化、特色化、品牌化，调整优化农业生产力布局，推动农业由增产导向转向提质导向。推进特色农产品优势区创建，建设现代农业产业园、农业科技园。实施产业兴村强县行动，推行标准化生产，培育农产品品牌，保护地理标志农产品，打造一村一品、一县一业发展新格局"。深入贯彻中央1号文件精神，扎实开展特色农产品优势区创建，带动做大做强特色产业，提高农业竞争力，促进农民增收，是今后农业和农村工作的重大战略任务。

国家已经启动特色农产品优势区创建认定工作。特色农产品优势区是指县域内具有资源禀赋和比较优势，产出品质优良、特色鲜明的农产品，拥有较好产业基础和相对完善的产业链条、带动农民增收能力强的特色农产品产业聚集区。特色农产品优势区把登记注册区域公用品牌作为创建和认定的重要条件。经过了实践和时间的选择，区域公用品牌农产品产业成为遵从自然规律和经济规律的历史产物，具有率先做大做强的绝对优势和比较优势，应当成为发展特色农业的优先选择。

河北是全国唯一全地貌省份，气候资源多样，蕴育出包括粮食、油料、蔬菜、瓜果、中药材、食用菌、水果、干果、畜禽、水产多种特色农产品，其中80多个县的114种特色农产品获得农产品地理标志登记、地理标志保护，或注册地理证明商标。这些产品既有特色，更有优势，获得区域公用品牌后，在国内外市场的竞争力明显提高，为促进农民增收和丰富城乡居民生活发挥着越来越重要的作用。为配合开展国家和省级特色农产品优势区创建，指导各地抓住区域发展重点，便于读者了解和体验河北特色农产品，推动全省特色农业又好又快发展，我们组织编纂了《河北省特色优势农产品名录（2018版）》，重点推介103个区域公用品牌农产品。受多种因素影响，有些产品未能收入其中，入编产品也难免瑕疵，恳请包涵。我们将进一步加强挖掘、收集和整理，陆续推出更多河北特色农产品和特色产区，搭建生产与消费的桥梁，以飨读者。

目录
MULU

序言

前言

第一章

国家特优区产品

一、平泉香菇

产品及区域公用品牌：中国·河北·平泉香菇

产品特点：鲜菇致密紧实，手感较干，灰白至浅褐色，花纹明显。盖厚、面光、柄短、味正、清香，有韧性。干品吸水复原性好。

核心产区：北纬40°24′～40°40′，东经118°21′～119°15′，卧龙、平泉、杨树岭、台头山、松树台和榆树林子等19个乡镇的291个村。2017年栽培6亿袋约6.5万亩*，产量56万吨。2010年获农业部农产品地理标志登记。

历史传承：1995始有庭院架式栽培，因收益高而规模逐步扩大。2004年后园区化、集约化生产，形成架式、地栽和立袋三种模式，历经竹木结构、钢筋钢管单层棚、双层拱镀锌钢管冷棚，目前以镀锌钢管双层暖棚结构设施为主，生产周期变一年一期为一年三期，出菇质量和经济效益明显提高。

荣誉称号：2017年被认定为"河北省平泉市平泉香菇中国特色农产品优势区"，首批国家出口食用菌安全标准化示范区，2016年省级十

---

* 亩为非法定计量单位，1亩≈667平方米。——编者注

大区域公用品牌，中国食用菌之乡，全国食用菌行业十大主产基地县，食用菌文化产业建设先进县。

　　龙头企业：平泉市瀑河源食品有限公司，商标"瀑河源"，联系人高树满：13831469081。承德中蓝食用菌有限公司，商标"冀蓝"，联系人齐艳斌：15028978196。平泉明蓝生物科技有限公司，联系人曾明：15831486888。

（平泉市食用菌产业服务局　李忠民）

二、迁西板栗

产品及区域公用品牌：中国·河北·迁西板栗

产品特点：果红褐色，皮薄，被浅蜡质，底座小，形端正，每千克120～140粒，大粒每千克80粒。烹熟后内果皮易剥离，口感甘甜软糯。

核心产区：北纬39°57′15″～40°27′48″，东经118°06′49′～118°37′19″，全县17个乡镇，417个行政村都有栽种。2017年种植75万亩，年产量5万吨，产值15亿元。2002年在国家工商总局注册地理证明商标。

历史传承：我国传统优势出口产品，栽培已有2 000多年。常胜峪村明初栽种的老栗树已有600多年，全县百年以上栗树到处可见。2017年迁西板栗复合栽培系统入选第四批中国重要农业文化遗产。

荣誉称号：2017年被认定为"河北省迁西县迁西板栗中国特色农产品优势区"，2008年中国驰名商标，2009年最具竞争力的地理证明商标，2011年消费者最喜爱的绿色商标，2015年全国互联网地标产品（果品）50强，2016年全国果菜产业百强地标品牌和全国果菜产业十大最

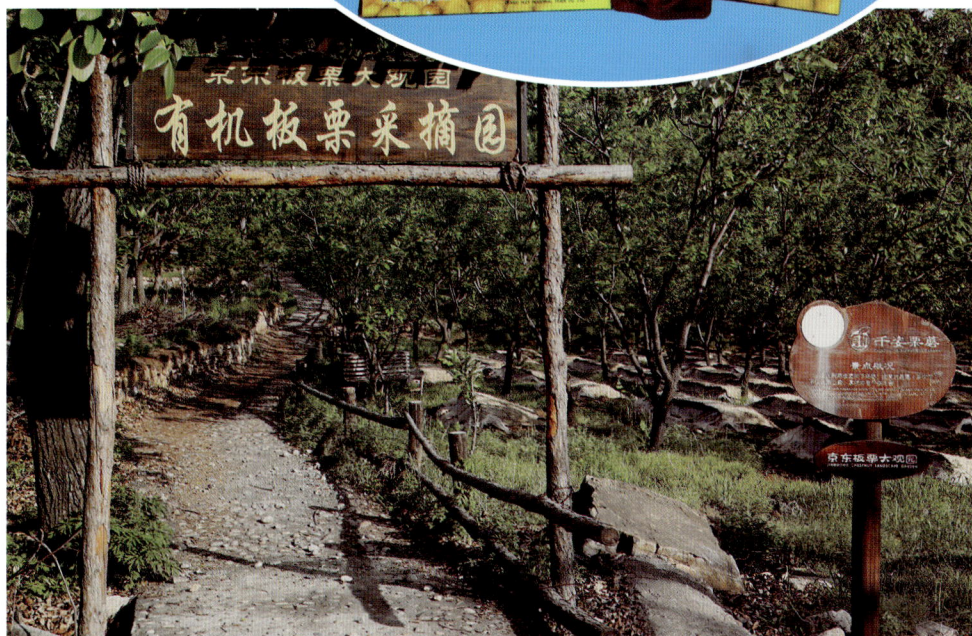

具影响力地标品牌。

　　龙头企业：迁西金地甘栗食品有限公司，商标"金地"，联系人赵景军：13503256850。唐山尚禾谷板栗发展有限公司，商标"尚禾谷"，联系人刘振奎：15833810166。迁西县喜峰口板栗专业合作社，商标"张大胡子"，联系人刘红敏：13463521999。

（迁西县农牧局　董连银）

三、鸡泽辣椒

产品及区域公用品牌：中国·河北·鸡泽辣椒

产品特点：形似羊角，又名"羊角椒"。果皮薄、肉厚、油多、籽香，辛辣适中，营养丰富，富含维生素C。

核心产区：北纬36°44′40″～36°57′15″，东经114°42′20″～114°58′00″，全县各乡镇都有种植，常年生产8万亩，年产鲜红椒16万吨，为我国北方最大绿色辣椒种植基地、加工基地和销售基地。2010年在国家工商总局注册地理证明商标。

历史传承：鸡泽羊角椒历史悠久，明、清时期为宫廷贡品，生产持续至今。近年来，辣椒加工业发展迅速，"天下红""湘君府"牌加工品远销日本、越南、俄罗斯等十几个国家，在国内外市场享有极高美誉度。

荣誉称号：2017年被认定为"河北省鸡泽县鸡泽辣椒中国特色农产品优势区"，曾获中国辣椒之乡、中国辣椒产业龙头县、中国调味品原辅料（辣椒）种植基地和全国绿色食品一二三产业融合发展示范园，获"河北省十佳区域公共品牌"称号。龙头企业的"天下红"品牌为中国驰名商标，"湘君府"及"三湘妹"等为河北省著名商标。

湘君府

天下红

龙头企业： 鸡泽县天下红辣椒有限公司，联系人王金台：13903309918。鸡泽县湘君府味业有限责任公司，联系人侯如亮：13703209606。河北中科天恩食品有限公司，联系人：朱胜召：15832067666。

（鸡泽县农牧局 赵献芳）

第二章

特色粮油

一、丰南胭脂稻

产品及区域公用品牌：丰南区·丰南胭脂稻

产品特点：粒长、微红、味腴、气香。煮熟后红如胭脂，"色微红而粒长，气香而味腴"。

核心产区：北纬39°44′～39°45′，东经118°03′～118°04′，王兰庄镇和柳树酄镇一带种植。每年1 000亩左右，产量200吨左右。稻米售价每千克60～100元。2016年获农业部农产品地理标志登记。

历史传承：有"御田胭脂米"之称。《康熙几暇格物编》有此稻种系"清康熙年间在御田'丰泽园'稻田内发现的自然变异株，经扩大繁殖，专供内膳"的描述。《丰南县志·大事记》1954年条载："同年，毛主席在古籍中查到王兰庄产胭脂稻，经河北省委写信询问此事，并建议粮食部门收购一些，招待国际友人，县粮食局收购10万斤（即50吨——编者注）送北京"。传统品种传承至今。

龙头企业：丰南区红禾水稻种植专业合作社，联系人李体勤：18732522850。丰南区王兰庄镇王一村，联系人李志华：13930546758。

（唐山市丰南农牧局农产品质量检测中心　李艳华）

二、曹妃甸胭脂稻

产品及区域公用品牌：中国·河北·曹妃甸胭脂稻

产品特点：粳米，似旱粳子，有芒；米粒微红、粒长。味腴，气香；煮熟后红如胭脂。含钾1 948.30毫克/千克、铁30.50毫克/千克，高出普通稻米2倍；含镁2 062.60毫克/千克。

核心产区：北纬38°55′～40°28′，东经117°31′～119°19′，曹妃甸区四农场，常年种植200亩，年产量45吨。2017年2月在国家工商局注册地理证明商标。

历史传承：胭脂稻是唐山独有的一种红稻米，历史上因是皇宫贡米而闻名遐迩。1954年，毛泽东主席读《红楼梦》第五十三回时看到：贾府庄头乌进孝进贾府交租，常用米千余石，而专供贾母享用的"御田胭脂米"只有"二石"，引起关注，随即写信，要求农业部查到"御田胭脂米"产地，遂给河北省委写信说："唐山专区种一种特种水稻，可否由粮食部门收购一部分，以供中央招待国际友人"。该特色水稻品种种植至今。

荣誉称号：2014年唐山农产品展示会金奖。

龙头企业：唐山稻香米业有限公司，商标"维谷"，联系人郑贺海：13582913088。

（唐山市曹妃甸区农林畜牧水产局　梁宝辉）

泽如胭脂

胭脂稻2号

三、曹妃甸大米

产品及区域公用品牌：中国·河北·曹妃甸大米

产品特点：粒饱满，质坚硬，色清白，晶莹剔透。煮熟后米质油亮光泽，香润适口，香甜松软。

核心产区：北纬38°55′～40°28′，东经117°31′～119°19′。分布于曹妃甸区全境，常年种植面积30万亩，年产量13万吨。2017年2月在国家工商总局注册地理证明商标。

历史传承：曹妃甸区历史上是一片广阔的海滨湿地，据《周礼》

载，西周时起，河北北部平原就为北方著名稻产区。元、明、清时期，先人多次组织大规模垦殖。中华人民共和国成立以来，特别是20世纪50年代成立柏各庄军垦区后，成为京城高端米供应地，华北著名的优质水稻产区。

荣誉称号：2010年中国特色农产品博览会金奖，2013年河北省优质产品，2014年唐山农产品展示会金奖。

龙头企业：唐山唐丰米业有限责任公司，商标"柏各庄"，联系人刘宝双：13703379100。唐山稻香米业有限公司，商标"维谷"，联系人郑贺海：13582913088。

（唐山市曹妃甸区农林畜牧水产局　梁宝辉）

四、蔚州贡米

产品及区域公用品牌：蔚州贡米

产品特点：颗粒饱满，色泽金黄，素以粒大、色黄、味香著称。含蛋白质13.1%，赖氨酸0.25%，直链淀粉≤20%，糊化度4.58级，粗脂肪3.2%。

核心产区：北纬39°33′~40°12′，东经114°12′~115°03′，桃花、宋家庄、下宫村、白乐、陈家洼等21个乡镇。2017年种植20万亩，总产量4万吨。2010年获国家质检总局地理标志产品保护。

历史传承：《蔚县志》载："蔚多山岗砂间，其土燥，以列六清六谷而外，无他珍奇"。产地属东亚大陆性季风气候，常年干旱，光照充足，昼夜温差大，历史上就是谷黍主产区，位列四大贡米。目前栽培品种有8311-14、东方亮、桃花米、大白谷等。栽培技术保持深耕地，腐

熟农家肥作底肥，天然雨养，生物农药防病虫。

荣誉称号：2002年被河北省农业厅命名为"河北谷子之乡"。

龙头企业：张家口萝川贡米有限公司，商标"绿蔚""翠屏金谷"，联系人杨文军：0313-7116999。传真：03137116777。

（蔚县农牧局 赵帅）

五、武安小米

产品及区域公用品牌：中国·河北·武安小米

产品特点：色泽金黄，入口绵甜糯香。

核心产区：北纬36°33′36″～36°53′24″，东经113°59′24″～114°22′12″，建有邑城镇白府村、北安乐乡迁城村、午汲镇张璨村、北安庄乡同会村等绿色标准化生产基地。2017年种植30万亩，总产量约9万吨。2010年获国家质检总局地理标志产品保护。

历史传承：武安是粟的人工栽培发源地，"磁山文化"考古证实8 000年前此地已大面积种植、贮藏和食用。全市83万亩耕地中有60万亩属丘陵旱地，日照充足，无霜期长，适合谷子生长，是全省种植谷子最多的县级市，生产仍保留历史优秀农业技术。

荣誉称号：2016年被评为"河北省十大区域公用品牌"。河北仓盛兴粮油工贸有限公司"磁山粟"小米入编2015年全国名特优新农产品

目录，获第八届中国国际农产品交易会金奖。河北华瑞农源小米加工有限公司"洺水源"小米获中国绿色食品广州博览会畅销奖，第十届中国国际农产品交易会金奖。武安市洺河源土特产有限公司"绿洺源"小米获得第十五届中国绿色食品博览会金奖，第十三届中国国际农产品交易会金奖。

龙头企业：河北仓盛兴粮油工贸有限公司，商标"磁山粟"，联系人李刚：13313001535。河北华瑞农源小米加工有限公司，商标"洺水源"，联系人郝菊学：15903205329。武安市洺河源土特产有限公司，商标"绿洺源"，联系人申学书：13930011046。

（武安市农牧局　刘恩魁）

六、丰宁黄旗小米

产品及区域公用品牌：中国·河北·黄旗小米

产品特点：谷皮红色，米粒整齐圆润，色泽金黄，入口润滑。测定胶稠度最高可达152毫米，糊化度最高可达4.3级。

核心产区：北纬41°23′21″～41°36′40″，东经116°33′42″～116°43′12″，海拔400～1 600米，丰宁黄旗镇18个村生产。2017年种植10 000亩。2016年获国家质检总局地理标志产品保护。

历史传承：种植历史久远。独特的气候和土壤条件，产出的谷粒大、饱满，米金黄闪闪、晶莹透亮，米饭香味扑鼻、入口滑润，微糯而黏，增人食欲。久负盛名，清廷贡米。品种和种植方式均传承历史而来。

荣誉称号：2013年"黄旗皇"牌小米在全国优质食用粟评选中被评为一级优质米。2017年"佳耕"牌黄旗小米被评为河北省优质产品。

龙头企业：丰宁满族自治县黄旗皇种植有限公司，商标"黄旗

皇",联系人李凤琴:15930083387。丰宁满族自治县禾林小米种植专业合作社,商标"佳耕",联系人张书芬:15128577870。丰宁满族自治县元始种植有限公司,商标"羊粪小米",联系人王明远:13932403815。

(丰宁农牧局 栾锐新)

七、南和金米

产品及区域公用品牌：中国·河北·南和金米

产品特点：色金黄，粒圆润饱满，熬制12分钟可达软、黏、香，米、汤混为一体，米油多，口感佳。

核心产区：北纬36°55′～37°06′，东经114°36′～114°52′，三思、闫里、三召、史召、郝桥5个乡镇。2016年种植6 525亩，总产量2 023吨。仓储条件好，加工设备齐全，可周年供应。2013年获农业部农产品地理标志登记，2017年在国家工商总局注册地理证明商标。

历史传承：《南和文史概览》载：武周时期，南和人宋璟任宰相，把家乡小米送给武则天，吃后封为"金米、贡米"。现栽培品种为"汇华金米"，由当地农家种系统选育而成。2014年与国家谷子改良中心签订合作协议，引入标准化理念，生产水平和产品品质明显提高。

荣誉称号：全国第十届优质食用粟评比"一级优质米"，2016年河北"一县一品·河北特色品牌"，2017年第十一届中国农业品牌发展高

峰论坛"富硒金米之乡"。

龙头企业：邢台市自然农庄农产品有限公司，商标"汇华金米"，联系人张庆敏：13400192509。邢台硒谷农业科技发展有限公司，商标"聚堂春、御阳"，联系人程云芳：15803191988。

（南和县农业局　高琳　温春爽）

八、涞源小米

产品及区域公用品牌：中国·河北·涞源小米

产品特点：籽粒饱满，色泽金黄，口感黏甜、细柔、滑嫩。

核心产区：北纬39°01′38″～39°40′26″，东经114°20′30″～115°04′54″，全县18个乡镇均有种植。2017年种植4万亩。2014年在国家工商总局注册地理证明商标。

历史传承：涞源海拔高，无霜期短，但日照充足、昼夜温差大，耕地多为旱坡山地，间有山间盆地，自古种植抗旱性较强的谷黍。在抗日战争期间，谷黍曾是晋察冀边区主要军粮，为民族解放事业作出重大贡献。全县水洁、地净、气清，谷子品种多、分布广、品质优，生产以农家肥为主，小米是天然的绿色食品。

荣誉称号：河北省绿色环保产品，2017年甘霖公司获"河北省3·15质量诚信消费者满意最佳单位"称号。

龙头企业：涞源县甘霖土特产购销有限公司，商标"黄土岭""白石山人家"，联系人段怀保：15033822111。涞源县谷润农副食品加工有限公司，联系人郭俊青：13513226518。涞源县六旺川生态养殖有限公司，商标"桃木疙瘩"，联系人孙二东：15175311888。

小米

安合源

五谷养生·小米最佳

涞源小米
无污染·无添加
天然原产
纯正自然小米

优质小米·吃出健康

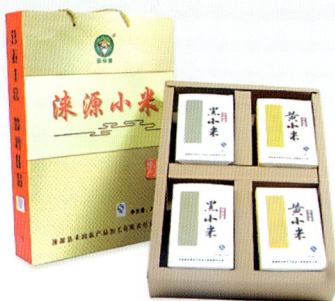

产品名称：	安合源涞源小米
配　料：	黑小米 黄小米
食用方法：	单独熬煮
原产地：	河北省保定市涞源县
净含量：	400g*8盒/箱
执行标准：	GB/T22165-2008
生产许可证编号：	QS1306 0104 0313
储存条件：	阴凉干燥处、远离高温，阳光照射
保质期：	12个月

优质小米·吃出健康

优质小米 养脾胃

治反胃热痢，补虚损，开肠胃。实际上，无论是反胃、热痢、虚损都与脾胃功能欠佳有关。

九、黄粱梦小米

产品及区域公用品牌：黄粱梦小米

产品特点：色泽金黄，颗粒饱满，质地较硬，可煮粥或捞饭（小米干饭）。粥黄而黏稠，口感润滑，长期食用养胃安神，有助消化和睡眠。

核心产区：北纬36°38′～36°42′，东经114°19′～114°24′，以三陵乡、黄粱梦镇为中心，辐射周边户村镇、康庄乡等6个乡镇的187个村，常年种植52 500亩，产量1.05万吨。2014年获农业部农产品地理标志登记。

历史传承：产地毗邻"磁山文化"遗址，考古证明距今8 000年前此地已广泛种植谷黍。家喻户晓的"黄粱美梦"典故始于唐代开元七年（公元719年），距今已1 200多年，发生地邯郸黄粱梦村有卢生祠，历代名人题词赋诗，"黄粱"意指优质小米，证明邯郸一带在唐代就盛产优质小米，并成为百姓生活必需品，品牌价值难以估量。现在谷子仍是当地

重要农作物，大量传统生产技术传承至今，小米风味得到保持。

荣誉称号：邯郸市为"中国小米之乡"和"世界粟的发源地"。特选小米（冀谷19）、优选小米（冀谷18）为绿色食品A级产品，许可使用绿色食品标志。

龙头企业：河北黄粱美梦米业有限公司，联系人曹建平：03105627388，13582303999。

（丛台区农牧局 常火炬）

十、曲周小米

产品及区域公用品牌：曲周小米

产品特点：粒饱满，有光泽，色金黄，手感光滑沉实，不开不裂，味清香。富含蛋白质、淀粉和钙铁锌等微量元素。

核心产区：北纬36°35′43″～36°57′00″，东经114°50′22″～115°13′27″，全县土壤和气候条件适宜谷子生长。常年种植3万亩，年产量1.3万吨。南里岳乡种植面积最大，年种植4 000多亩。2013年获得农业部农产品地理标志登记。

历史传承：产地靠近"世界粟的发源地"武安磁山，种植历史可追溯到商代。因自然条件适合生产，谷子历来都是曲周县重要作物，传

承至今。目前，全县有专业生产合作社8家，加工企业9家。已与中国农业大学合作建立实验示范基地，探索绿色高质高效创建之路，提升小米整体生产水平。

荣誉称号：在廊交会、农博会等活动中，先后获优质农产品、特色农产品、特色小杂粮等多种荣誉称号。

龙头企业：曲周县安丰米业有限公司，注册商标"晨怡"，联系人申要锋：15831053968。曲周县巨桥谷子种植专业合作社，商标"曲周小米"，联系人张连平：13931071188。

（曲周县农牧局　温利兴）

十一、馆陶黑小麦

产品及区域公用品牌：中国·河北·馆陶黑小麦

产品特点：麦粒紫褐色，富含铬、硒、锌、花青苷、膳食纤维、蛋白质。含硒≥91微克/千克，含铬≥1.916毫克/千克。

核心产区：北纬36°27′～36°47′，东经115°06′～115°40′，以月青农业有限公司及华野庄园为中心。2017年种植3万亩，产量1.3万吨。2016年在国家工商总局注册地理证明商标。

历史传承：华野庄园牛振华一直种植黑小麦。2005年从河北省农林科学院引进冀紫439，逐步摸索总结生长习性和种植技术，生产水平得到提高。2015年，馆陶县把发展黑小麦作为一大特色产业，给予重点支持，生产规模扩大。2017年与北京清月堂合办合作生态农场。

荣誉称号：2014年中国优质农产品示范基地，2015年通过有机产品认证，2016年河北省4A级休闲观光园，2017年中国国际农产品交易会金奖。

龙头企业：月青农业有限公司，商标"惠康善根"，联系人范月青：13932043697。馆陶县黑小麦产业服务协会，联系人牛振华：13803207689。

（馆陶县农牧局　古东月　王梅娟　王恰恰）

十二、围场马铃薯

产品及区域公用品牌：围场马铃薯

产品特点：薯块表皮光滑，芽眼浅，大小整齐，抗病，耐贮藏。

核心产区：北纬41°35′～42°40′，东经116°32′～118°14′，广发永、御道口等22个乡镇186个村。2017年种植75万亩，总产165万吨。目前通过仓储保鲜，可周年供应。2009年获国家质检总局地理标志产品保护。2014年在国家工商总局注册地理证明商标。

历史传承：种植已有140余年历史。清代末期，随着开围放垦，"皇家贡品"马铃薯传入围场，并视为"保命粮"而世代耕种。20世纪90年代初，随着品种改良、技术进步，全县种植面积迅速扩张，成为全国著名产区和种薯繁育基地。

荣誉称号：1999年中国马铃薯之乡，2016年河北省名优农产品区域公用品牌，2017年"最受消费者喜爱的中国农产品区域公用品牌"和"中国百强区域公用品牌"。

龙头企业：承德硒缘功能马铃薯科技开发有限公司，商标"薯格拉"，联系人丁明亚：18931429229。承德味来食品有限公司，商标"味来脆"，联系人朱万金：13603142367。

（围场农牧局　张振清）

十三、崇礼蚕豆

产品及区域公用品牌：中国·河北·崇礼蚕豆

产品特点：粒形中方、饱满，皮薄，近乳白色，色泽明亮。种脐较短，深褐色。熟制后口感绵甜，味香浓，适口性好。

核心产区：北纬40°50′～41°20′，东经114°45′～115°30′，崇礼区坝下山区向坝上高原过渡深山区。现有生产基地2.5万亩，有机蚕豆6 000亩。2011年获农业部农产品地理标志登记。

历史传承：县志记载明末清初开始种植，已有400多年。因品种耐寒性和耐旱性较强，一直传承至今。现栽培品种由传统农家种系统选育而来，适应本地区气候和土壤。

荣誉称号：蚕豆加工品"连悦"牌玉带豆获第十届中国（廊坊）农产品交易会优质农产品称号。荣获俄罗斯、蒙古国精品标志，允许在蒙古国常年销售。2002年被命名为"河北蚕豆之乡"。

龙头企业：张家口崇礼区志忠蚕豆专业合作社，商标"塞外"，联系人刘志忠：13931314701。崇礼区满君杂粮收购栈，联系人霍满君：13630876116。

（张家口市崇礼区农牧局　贾志军）

十四、滦县东路花生

产品及区域公用品牌：滦县花生（东路花生）

产品特点：荚果洁白，籽粒饱满，含油量高，无黄曲霉污染，香味浓郁，味道可口。

核心产区：北纬39°34′39″～39°58′25″，东经118°14′3″～118°49′45″，小马庄、茨榆坨、古马、滦州、雷庄、安各庄、油榨7个镇。2017年种植22万亩，总产量6.5万吨。周年供应。2014年获国家质检总局地理标志产品保护。

历史传承：相传种植始于明代，清末即有出口国际市场的记录，在国内外市场享有"东路花生"美誉。主产区土壤沙性，适合栽培花生。目前种植品种以"白沙系列"为主。

荣誉称号：2001年获中国农学会、中央电视台联合举办的科技创新大擂台节目优秀创新奖，2002年第六届中国（廊坊）农产品民种交易

会名优产品，2017年中国优质农产品开发服务协会评为最受消费者喜爱的中国农产品区域公用品牌。

　　龙头企业：滦县百信花生种植专业合作社，商标"大昭农合"，联系人郭秀云：13731522286。

（滦县农牧局　张广福）

十五、藁城宫面

产品及区域公用品牌：藁城宫面

产品特点：挂面条细心空、耐煮不糟、汤清面秀、嚼有口劲。

核心产区：北纬37°51′24″～38°18′44″，东经114°38′45″～114°58′47″，藁城区现辖行政区域范围。2017年获国家质检总局地理标志产品保护。

历史传承：藁城传统名特面食品。原为手工挂面，始于唐贞观年间，经无数次工艺改进，当时即已成为具有地方风味的名特食品。清代曾连年进贡朝廷，被列为宫廷御膳佳品，遂称之为宫面。主要原料为优质小麦面粉、香油和淀粉，经10余道工序精制而成。配料考究，制作精细，营养丰富。

荣誉称号：1983年青竹宫面被评为"河北省优质产品"，1987年青竹宫面为"国家出口宫面指定单位"，1988年青竹宫面荣获"食品博览

会金奖"，2010年青竹宫面被认定为"品牌提升重点推广单位"。

　　龙头企业：石家庄市藁城区外贸宫面厂，商标"青竹宫面"，联系人严成敏：13932145641。河北晖御食品有限公司，商标"晖御宫面"，联系人吉利辉：15731169999。

（藁城区农林畜牧局　付晓阳）

十六、卢龙粉丝

产品及区域公用品牌：中国·河北·卢龙粉丝

产品特点：原料为甘薯淀粉。粉条柔润，耐煮，筋道，吸附力强。保留甘薯的膳食纤维、蛋白质、烟酸和钙、铁等微量元素。

核心产区：北纬39°42′～40°10′，东经118°46′～119°08′，全县12个乡镇548个村种植甘薯，甘薯产业是全县农业第一大主导产业。年种植甘薯15万亩，可产淀粉7万吨，加工粉条（丝）4万吨。全年供应。2004年国家质检总局认定为原产地域保护产品。

历史传承：《卢龙县志》载：清咸丰年间，甘薯始入卢龙境内，首栽于蛤泊镇。光绪二十九年种于木井乡邸柏各庄邸九儒家，后渐布全县。随后淀粉加工和粉条加工业兴起。延续至今，成为特色产业。

荣誉称号：1996年获"中国甘薯之乡"称号，2002年获"河北甘薯之乡"称号，第十一届中国（廊坊）农产品交易会名优农产品，河北省第七届消费者信得过产品，河北省著名商标，中国红薯粉条标准化生产基地，2016年和2017年分获第十七届和第十八届绿色博览会金奖。

龙头企业：河北中薯食品股份有限公司，商标"宏薯地"，联系人刘旭：13933908016。河北农辛食品有限公司，商标"农辛"，联系人马金海：18603361078

（卢龙县农牧局　杨振文）

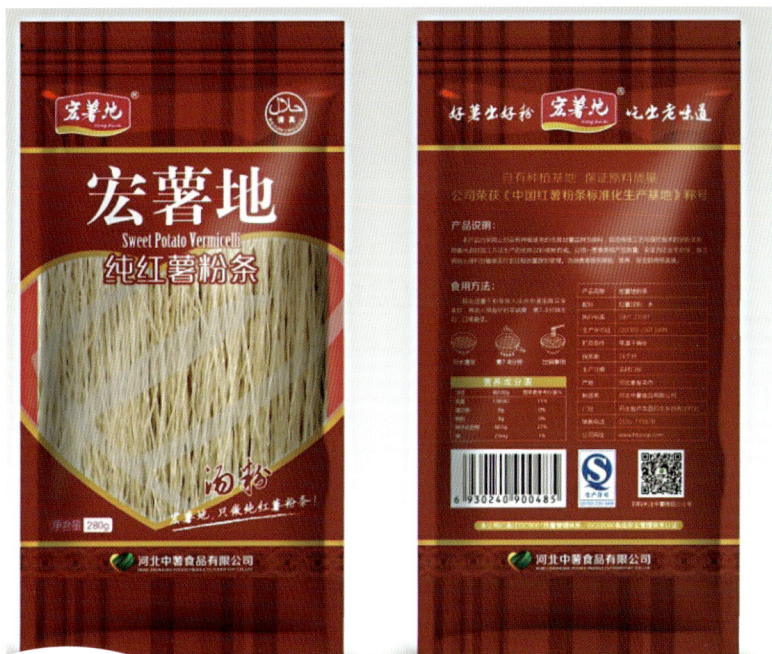

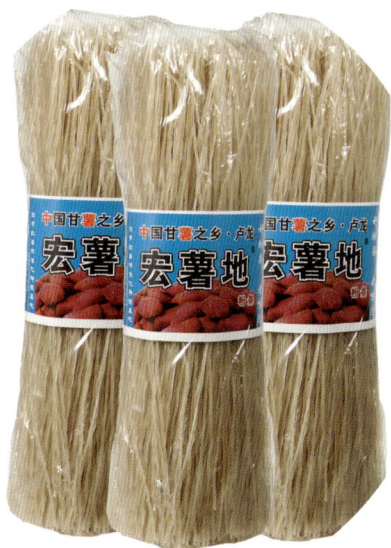

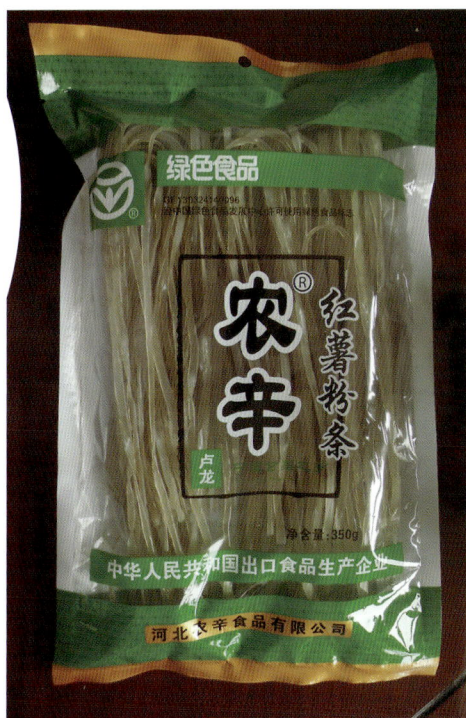

第三章

特色蔬菜

一、玉田包尖白菜

产品及区域公用品牌：中国·河北·玉田包尖白菜

产品特点：叶球直筒、拧抱，下部较粗、顶部尖锐，整颗圆锥状。外叶片深绿，叶球淡绿，外叶少，包心紧。口感甘脆。

核心产区：北纬39°47′28″～39°51′45″，东经117°40′27″～117°55′02″，小陈府、张各庄、小田庄、大丁庄等15个村。2017年种植1.5万亩，亩产5吨，年产量7.5万吨。秋季生产，贮藏后冬春季供应。2008年在国家工商总局注册地理证明商标。2011年获国家质检总局地理标志产品保护。

历史传承：距今已有200余年种植历史。1974年曾跻身于全国农展会。20世纪80年代京津唐当家菜。近年来打进上海市场，获得"玉菜"之美誉。现在采用物理、生物等技术，进行标准化生产。

荣誉称号：2011年第九届中国国际农产品交易会金奖，2013年第十三届中国国际农产品交易会"全国百家合作社百个农产品品牌"称号，2017年河北省十佳农产品区域品牌。

　　龙头企业：玉田县黑猫王农民专业合作社，商标"慈玉"，联系人张金齐：13831511188。唐山金路通商贸有限公司，商标"金玉田"，联系人杨桂银：18730589618。

（玉田县农牧局　艾会暖）

二、平乡滏河贡白菜

产品及区域公用品牌：滏河贡白菜

产品特点：叶球叠抱、紧实、圆润，软叶多；味美、鲜嫩、粗纤维少；下锅易烂、汁白如奶、味甜可口。

核心产区：北纬36°59′58″～37°06′33″，东经114°07′01″～114°55′01″，滏阳河平乡段两岸的油召桥、尹村桥、肖家湾、东豆庄、西豆庄等38个村。生产面积约1万亩，年产量8万～9万吨。2012年获农业部农产品地理标志登记。

历史传承：品种来源于清后期"小包头"，历史超百年，因外形美、口感佳而传承至今。产地位于河北中南部平原，土质沙壤偏碱，水质优良，适于种植优质白菜。2000年以来，开展传统品种提纯复状，系统选育出滏河贡白菜1号、滏河贡白菜2号等优势品种。挖掘传统生产技术，研究改进生产方式，形成标准化栽培技术规程和商品标准。

荣誉称号：2014年农业部优质农产品开发服务中心评为2013年度全国名特优新农产品。

龙头企业：平乡县滏河贡蔬菜种植协会，联系人王永坤：13131916619

（平乡县农业局　弓晓丽）

三、隆尧大葱

产品及区域公用品牌：隆尧大葱

产品特点：成品茎长盈尺，似倒立鸡腿，下部蒜头状、婴儿拳头般大小。葱头和葱白洁白光亮，肥厚柔嫩，质地细密。味少辛辣而多香甜，嚼之清香盈口，葱香浓郁。

核心产区：北纬37°13′28″～37°21′27″，东经114°30′22″～114°59′27″，隆尧、山口、固城、东良、魏庄、尹村、双碑、张庄、牛桥、北楼和千户营等乡镇的198个村。保护面积12万亩，种植面积3万亩，总产量10.5万吨。2011年获农业部农产品地理标志登记。

历史传承：历朝贡品。据传2 400年前，曾在今内邱、隆尧一带行

医的扁鹊，用大葱医治卒中恶死，可见隆尧栽培大葱历史之悠久。现栽培品种带有历史传承性，有"疙瘩葱"和"鸡腿葱"之分。千余年来，隆尧县农民不断精心培育，品种日趋优良，面积不断扩大。

荣誉称号：　1997年河北省农业博览会及全国农业博览会名牌产品，特别金奖；2002年河北省农业厅命名隆尧为"大葱之乡"；2016年京津冀蔬菜产销对接大会授予"河北十大地方特色蔬菜"称号。

龙头企业：　隆尧县隆郭大葱种植专业合作社，商标"隆郭"，联系人张平路：15030895691。

（隆尧县农业局　李现国）

四、任县高脚白大葱

产品及区域公用品牌：任县高脚白大葱

产品特点：高1米左右，不分蘖，叶端较尖，色深绿，叶肉较厚。葱白40～50厘米，粗3～5厘米，卷合紧密，肥嫩脆香，辛辣适宜，可生食、熟食、盐淹。耐贮藏，供应时间长。

核心产区：北纬37°05′～37°12′，东经114°37′～114°47′，任城、西固城、大屯、永福庄4个乡镇的58个村，2017年种植3 500亩，年产16 500吨。2011年获国家质检总局地理标志产品保护和农业部农产品地理标志登记。

历史传承：历史悠久。明代进士赵文炳为任县人，相传曾数次把

高脚白大葱进献皇室，被隆庆帝御封为"葱中之王"，一直传承至今。2008年时任国务院总理温家宝同志考察任县高脚白大葱区域保护范围，鼓励农民搞好生产。

荣誉称号：邢台采园农业开发有限公司被邢台市政府确定为市级重点龙头企业，基地参加农业部蔬菜标准园创建。

龙头企业：邢台采园农业开发有限公司，联系电话：0319-7510088。

五、肥乡圆葱

产品及区域公用品牌：中国·河北·肥乡圆葱

产品特点：圆葱厚扁圆形，外表皮紫色光亮。鳞片厚实，肉质白色，口感脆、辣、甜，富含硒、蛋白质等营养物质。

核心产区：北纬36°29′51″～36°38′51″，东经114°39′08″～114°52′13″，集中于大寺上、辛安镇、天台山、肥乡、毛演堡、旧店、屯庄营和元固8个乡镇的210个行政村。常年种植6万亩左右，年产量27万吨左右。2015年获农业部农产品地理标志登记，2017年在国家工商总局注册地理证明商标。

历史传承：品种为邯郸市蔬菜研究所培育而成的"紫星"，1981年引进试种，面积逐年扩大，到1995年面积趋于稳定。随着面积扩大和栽培技术的日益成熟，引入标准化理念，推广标准化生产，品质稳定，质量上乘。每年5月底6月初上市，因耐贮，可周年供应。

荣誉称号：2006年获"中国圆葱之乡"称号；开发的圆葱酒2014年被评为河北省优质产品，圆葱酱2015年被评为河北省名牌产品。

龙头企业：邯郸市康源种植有限公司，商标"馨蔬源"，联系人马国平：18631039928。丽园农业有限公司，商标"希康"，联系人王利刚：15127000688。河北太极集团，商标"太极"，联系人郭多强：13932022521

（邯郸市肥乡区农牧局　韩志莹）

六、馆陶黄瓜

产品及区域公用品牌：中国·河北·馆陶黄瓜

产品特点：瓜条直，色深绿，果肉浅绿，生食脆甜清香口感好。每百克含维生素C ≥ 16.1毫克、钾 ≥ 165毫克，显著高于外地黄瓜。

核心产区：北纬36°27′13″ ~ 36°46′30″，东经115°06′58″ ~ 115°28′39″，保护面积8万亩。设施栽培，四季生产，周年供应。2018年在国家工商总局注册地理证明商标。

历史传承：据史料记载，馆陶县1934年始有黄瓜种植。1987年始有温室生产。2000年以来，推行标准化生产，目前已基本普及，产品质量明显提升。

荣誉称号：2004年无公害农产品认证，2012年绿色食品认证，2017年有机产品认证，2007年中国（廊坊）农产品交易会名优农产品，2008年至2011年连续四届河北名牌产品，2013年青岛绿博会畅销

产品奖，2014年至2017年连续四届中国绿色食品博览会金奖，2014年全国优质黄瓜生产示范基地，中国蔬菜流通协会授予"中国黄瓜之乡"，2015年入选中国好食材名录。

　　龙头企业：馆陶县蔬菜服务协会，商标"馆青"，联系人陈俊瑞：13932050364。馆陶县三绿农业高科技有限公司，商标"魏徵"，联系人冯长顺：15081774018。

（馆陶县蔬菜办公室　郭兴文）

七、昌黎马芳营旱黄瓜

产品及区域公用品牌：中国·河北·马芳营旱黄瓜

产品特点：瓜圆柱状，皮薄、色浅绿，瘤刺稀疏、明显，气味芬芳，口感酥脆，肉质粗细适中，菜果兼用。

核心产区：北纬39°22′～39°48′，东经118°45′～119°20′，滦河昌黎段北岸的马芳营、西庄、陈庄子、白庄子等20多个村。2016年种植3.29万亩，总产量40万吨。设施栽培，四季生产，周年供应。1999年在国家工商总局注册地理证明商标。

历史传承：品种"叶三儿"为当地农家种，耐旱性较强，1980年以前，马芳营一带种植于庭院或闲散地。1990年在大棚试种成功，上市期提前到5月份，外观和风味与露地栽培无异，收益颇丰。随后引入标准化理念，推广标准化栽培。

荣誉称号：1998年河北省"优质农产品"，2001年"中国名牌农产

无公害认证蔬菜 中国国际农业博览会名牌产品 河北省优质产品　中国供销合作社 CHINA-CO-OP　廖大姐®

中国马芳营旱黄瓜

产地：中国·河北·昌黎·靖安

品"，2002年第六届中国（廊坊）农交会名优农产品，2002年和2005年度河北省名牌产品。2016年获京津冀首届蔬菜产销对接大会"十大地方特色蔬菜"称号。

龙头企业：昌黎县恒丰果蔬种植专业合作社，商标"廖大姐"，联系人廖桂珍：13833502068。嘉诚蔬菜种植专业合作社，商标"新集"，联系人李向利：13031886999。

（昌黎县农林畜牧水产局　崔继荣）

八、鹿泉香椿

产品及区域公用品牌：中国·河北·鹿泉香椿

产品特点：初出幼芽紫红色，嫩茎有光泽，叶片两面光滑无茸毛。油脂较多，椿香浓郁，纤维少，食之无渣。

核心产区：北纬38°05′，东经114°18′，分布于白鹿泉、石井、上庄和获鹿4个乡镇。2016年种植2万多亩，总产量2 800吨。通过贮藏加工，可四季销售供应。2016年在国家工商总局注册地理证明商标。2017年获国家质检总局地理标志产品保护。

历史传承：栽培已有千年历史，"红油椿"为特有品种。明清《获鹿县志》载有在宅旁院落栽植习惯，谷家峪村不仅家庭种植，还有成片林地，为全县之冠，系地方名菜。改革开放以来，结合山区绿化，开始规模化、集约化、标准化生产，引进先进加工贮藏技术，破解季节性供

应消费难题。

荣誉称号：2002年第六届中国（廊坊）农交会名优农产品，2005年中国国际农业博展会"中国名优农产品"，2014年河北省名牌产品，2015年河北省著名商标。

龙头企业：鹿泉区谷家香椿专业合作社，注册商标"谷家"，联系人谷成铜：13931132666。石家庄市谷家生态农业有限公司，注册商标"谷家坊"，联系人谷荣敏：13722899059。

（石家庄市鹿泉区香椿协会　谷成铜）

九、南宫黄韭

产品及区域公用品牌：南宫黄韭

产品特点：普通韭菜避光栽培而成。茎色白，叶嫩黄。味鲜，韭香浓郁，适合馅料，可多种烹饪。盆栽还可观赏。

核心产区：北纬37°05′～37°27′，东经115°08′～115°45′，北胡、西丁、苏村镇3个乡镇（办事处）的8个村，生产温室405亩，年产量3 000吨，黄韭盆景100万盆。历史上主要在冬季生产，春节期间上市，现可四季生产、周年供应。2017年获农业部农产品地理标志登记。

历史传承：始于明永乐年间，栽培历史500多年，明清时期宫廷贡品。到20世纪末，仍以露地栽培养根，入冬前移植韭根于室内的土坑铺马粪而成的栽培床，避光生长，故而色黄。经不断探索实践，改用半阴半阳式塑料大棚栽培，外观和风味无变化，标准化栽培技术规程已成熟。

荣誉称号：2000年至2002年连续三届中国北方农副产品交易会名优产品，2002年河北省农业厅认定南宫市为"河北韭菜之乡"。

龙头企业：南宫市润农粮棉果蔬种植专业合作社，商标"爱鲜乐"，联系人朱国荣：15343199894。

（南宫市农业局　肖杰）

十、永年大蒜

产品及区域公用品牌：永年大蒜

产品特点：薹、头兼用型品种。蒜头皮薄、肉厚、汁黏、辛味浓郁、蒜泥黏稠，久放再食不变味。薹较粗，口感脆嫩，色灰绿，蜡质层厚，木质化程度低，耐贮，适合加工。

核心产区：北纬36°35′~36°56′，东经114°20′~114°52′，小龙马乡北护架村、大张村、小张村、马倒固和何营村，广府镇前当头村、后当头村、相公庄、南桥、下坡和宋堤村。2017年种植12万亩，产蒜头900万千克，蒜薹780万千克。2009年获国家质检总局地理标志保护产品。

历史传承：早在明嘉靖年间就进贡宫廷，闻名海内外。近年来，通过建设大基地、发展深加工、推广新技术，大蒜产业得到迅猛发展，促进了农业增效和农民增收。

荣誉称号：1998年10月评为河北省名特农产品，1999年认定为国家标准化农业生产示范区，2002年被命名为河北大蒜之乡。

龙头企业：永年区永丰无公害蔬菜有限公司，商标"当头永丰"，联系人张占民：13803200944。邯郸津日食品有限公司，商标"津日"，联系人石文彬：13831026086。永年区广兴农副产品有限公司，商标"众澳"，联系人申广伟：15831848887。

（邯郸市永年区农牧局　罗春青）

十一、永清胡萝卜

产品及区域公用品牌：中国·河北·永清胡萝卜

产品特点：个头均匀、整齐，皮细、色好、味美，每百克含铁 ≥ 0.8 毫克，维生素 $B_{10} \geq 0.05$ 毫克。

核心产区：北纬39°29′～39°33′，东经116°48′～116°50′，管家务、北辛溜、曹家务、养马庄、大辛阁、永清6个乡镇。2017年种植6.7万亩，其中设施生产5万亩，年产量26.8万吨，产值4.8亿元。出口韩国、日本、俄罗斯、泰国等。2016年在国家工商总局注册地理证明商标。

历史传承：产区位于永定河古道，沙壤土，适合胡萝卜生长，种植历史悠久。20世纪70年代规模化种植。经数年生产实践和市场选择，韩、日"五寸人参"成为主栽品种，形成塑料大棚、中小拱棚早春、夏秋两季茬口标准化生产技术规程，成为我国北方最大的胡萝卜设施栽培基地。

荣誉称号：连续荣获第五届至第十一届中国（北方）农副产品暨技术交易会优质农产品称号，河北省第六届消费者信得过产品。

龙头企业：廊坊旭源农产品有限公司，联系人张金善：13503168703。永清县燕参蔬菜有限公司，商品商标"燕参"，联系人咎贺刚：18632628577。

（永清县蔬菜管理局 魏文亮）

十二、围场胡萝卜

产品及区域公用品牌：围场胡萝卜

产品特点：直根圆柱形，顺直光亮，长18～22厘米，单重150～300克。皮、肉、心均呈橘红色。口感甜脆。

核心产区：北纬41°35′～42°40′，东经116°32′～118°14′，新拨、山湾子、姜家店、张家湾等6个乡镇35个村。2017年种植7.6万亩，总产量22.8万吨。通过设施栽培，能提早上市18天。2011年获农业部农产品地理标志登记。

历史传承：1993年前在新拨乡一带种植于庭院或闲散地。1994年开始引进新品种，露地直播。1995年在新拨乡二道河子村试种地膜覆盖栽培80亩，效益可观。随后大面积种植，引入标准化理念，推广标准化栽培。

　　荣誉称号：2005年第九届中国（廊坊）农产品名优农产品，2006年中国果菜产业发展论坛"中国优质胡萝卜基地"，2008年"全国绿色食品原料标准化生产基地"，2017年第二届河北省名优农产品区域公用品牌。

　　龙头企业：围场满族蒙古族自治县新鑫胡萝卜生产经营合作社，商标"二道河子"，联系人薛吉东：13932490930。围场满族蒙古族自治县元昌蔬菜保鲜有限公司，商标"御塞"，联系人宋国青：13903242068。

（围场县农牧局　王春红）

十三、冀州天鹰椒

产品及区域公用品牌：冀州天鹰椒

产品特点：椒形好，色泽鲜红，皮薄、肉厚、籽香、油多，辣度适中，香辣俱溶。

核心产区：北纬37°23′～37°34′，东经115°32′～115°46′，周村、冀州、午村、漳淮、徐庄、码头李6个乡镇的173个行政村。常年种植10万亩左右，主要为露地生产，年产干红椒2.2万吨，可常年供应。2013年获农业部农产品地理标志登记。

历史传承：始于1982年，经过30余年的发展，冀州已成为我国北方最大的辣椒生产、销售集散地之一。近年来，加强技术集成，制定生

产技术规程，推行标准化生产，生产能力和产品质量显著提升。

荣誉称号：1998 年被农业部命名为"中国辣椒之乡"，2016 年获农业部"无公害农产品"认证。"冀周"牌辣椒被评为"河北省名牌产品"和河北省著名商标。

龙头企业：冀州市富农辣椒专业合作社，商标"冀周"，联系人王玉根：13633187588。

（冀州区农牧局　张广辉）

十四、望都辣椒

产品及区域公用品牌：中国·河北·望都辣椒

产品特点：色红，肉厚，味香，久放不变质。

核心产区：北纬38°37′～38°47′，东经115°02′～115°17′，高岭乡、中韩庄镇、固店镇、寺庄乡和望都镇为主要产地。2017年种植3.8万亩，亩产干椒300千克，上市时间集中在每年十一二月份；或亩产鲜椒2500千克，上市集中在每年八九月份。2011年获国家质检总局地理标志产品保护。

历史传承：已有500多年种植历史。相传明代后期由山西移民带来辣椒种子，开始种植。到清末，望都辣椒有了较高声誉和广泛影响，望

都县也赢得"辣都"誉称。

荣誉称号：1997年"河北省农业名优产品"和"河北特产之乡""河北省辣椒调味品之乡"，2013年"国家级辣椒生产加工标准化示范区"，2015年"国家级辣椒出口质量安全示范区"。

龙头企业：河北乾亿食品股份有限公司，商标"红娃子"，联系人马高兴：13933237378。河北华源辣业有限公司，商标"贺老汉"，联系人贺亮：13582087339。

（望都县农业局　黄永发）

十五、磁州白莲藕

产品及区域公用品牌名称：磁州白莲藕

产品特点：藕皮薄，色粉白；横切面中一小孔，周围九大孔，肉质厚，色洁白如玉。生吃口感脆甜，熟食粉香。

核心产区：北纬36°18′09″，东经114°23′29″，磁州镇和讲武城镇，地处太行山东麓丘陵与华北平原交接地带，土地平坦，水质优良。年种植面积2 000余亩，产量6 000余吨，每年10月份至翌年1月份上市。2012年获农业部农产品地理标志登记。

历史传承：古有"北有白洋淀莲，南有古磁州藕"之誉。据《磁州志》记载，三国时期磁州白莲藕就被列为贡品，设藕吏专门督办，逐岁进贡朝廷。种植延续至今，目前改为先进的浅水浅土种植技术，取代了传统种植模式，生产水平大幅度提高。

荣誉称号：2013年12月河北省名牌产品，并被评为河北省"一县一特"荣誉称号。入选《2015年度全国名优特新农产品目录》。

龙头企业：邯郸市禾下土种业有限公司，商标"禾下土"，联系人崔伏喜：13903300398

（磁县农牧局 游俊亭）

十六、隆尧泽畔莲藕

产品及区域公用品牌：中国·河北·隆尧泽畔莲藕

产品特点：藕洁白。横切可见中一大孔，环六小孔，孔扁圆，排列规则。肉质清脆、细腻、甘甜，无粗纤维。

核心产区：北纬37°15′18.8″～37°16′47″，东经114°38′33.6″～114°41′44.8″，东良乡泽畔、石村、陈庄、东霍、西霍5个村，保护面积2 000亩，现种植400亩，年产量800吨，春节前后上市。2012年获农业部农产品地理标志登记。

历史传承：明永乐年间由山西传入，后因湖水退缩，农民经摸索实践，改为"铺池而做"，而成就独树一帜的"清水莲藕"。1959年国庆期间，曾在农业展览馆展出一棵3米多长、重10多千克的白莲藕，被称为"藕

王"，郭沫若品尝后称赞不已，当场赋诗。当地种植白莲藕至今。

荣誉称号：2006年认证为绿色A级产品，2007年河北省特色农产品展销会金奖，2011年寿光第十二届国际菜博会金奖。

龙头企业：隆尧县莲藕发展服务中心，商标"皇家白玉"，联系人王世峰：13931911999。

（隆尧县农业局　李现国）

十七、丰润生姜

产品及区域公用品牌：中国·河北·唐山·丰润生姜

产品特点：不规则掌状块茎，皮黄。肉鲜黄色，质脆嫩，辛味浓。

核心产区：北纬39°31′～39°41′，东经117°55′～118°08′，核心产区为新军屯镇的河浃溜、南堡、索辛庄、大坡庄、古良坨等村，周边15个乡镇100余个村有种植。2017年种植2.65万亩，总产量12万吨。窖藏能力充足，当年11月份至翌年6月份供应市场。2017年在国家工商总局注册地理证明商标。

历史传承：1992年从山东引进试种，采取地膜覆盖栽培，间作玉米遮阴，亩产可达1.5～2.5吨。2002年试验小拱棚栽培，亩产提高到3.8吨。2011年改用中型拱棚设施栽培，推广无公害保护地栽培技术规程，亩产超过6.5吨，品质优良。

荣誉称号：2010年中国特色农产品博览会金奖，2012年中国现代农产品博览会金奖，2006—2009年连续四届河北省农产品交易会"名优农产品"。

　　龙头企业：唐山市丰润区生姜行业协会，联系人孙怀珠：15631522911。唐山市丰润区美丽三野农作物种植农民专业合作社，商标"美丽三野"，联系人孙怀珠：15631522911。唐山三野食品有限公司，联系人于建柱：15176650329。唐山市丰润区兴农大姜专业合作社，联系人李爱利：13603292995。

（丰润区农业畜牧水产局　宋志莲）

十八、容城绿芦笋

产品及区域公用品牌：容城绿芦笋

产品特点：笋体完整，顺直，全笋绿色。质地细软，口感绵脆，风味清香。

核心产区：北纬38°57′～39°08′，东经115°76′～116°04′，涉及全县8个乡镇50多个村，以南张镇各村生产为主。2017年种植面积近千亩，产笋2 000吨。2008年获国家质检总局地理标志产品保护。

历史传承：20世纪80年代引种成功，面积逐步扩大。2007年采笋田达到3万亩，2009年达到6万亩，跃居全国第三、河北第一。近年来引入标准化栽培，成为重要出口农产品。

荣誉称号：2003年廊坊农展会"河北省名优农产品"。2004年国家级绿芦笋标准化生产示范区，河北省农业厅命名为"河北芦笋之乡"。2005年通过HACCP质量体系认证。

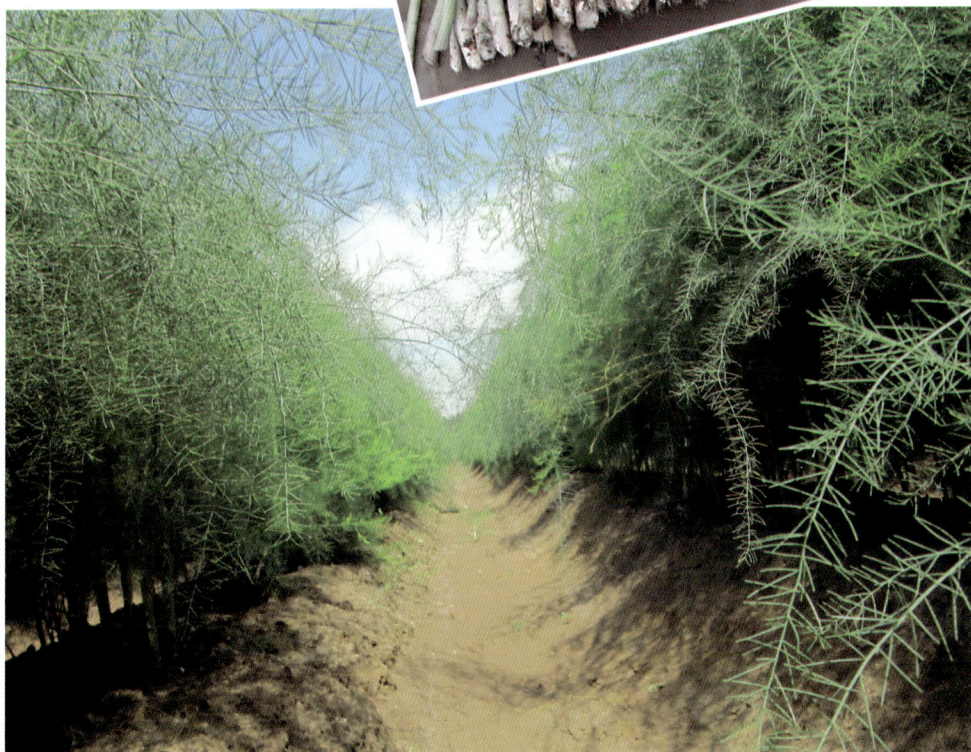

　　龙头企业：容城县鑫磊农产品专业合作社，联系人郭志强：13933279108。

　　　　　　　　　　　　　　　　　（容城县农业局　郭志强）

第四章

特色食用菌

一、迁西栗蘑

产品及区域公用品牌：迁西栗蘑

产品特点：形似莲花，色灰黑，朵型美观。香气沁脾，食之脆嫩爽口，可干鲜两用。能凉拼、热炒、蒸煮、做汤、做馅。

核心产区：北纬39°57′15″～40°27′48″，东经118°06′49″～118°37′19″，种植于17个乡镇417个村，保护面积2 000公顷，种植面积200公顷，年产量2.2万吨。四季生产，周年供应。2012年获农业部农产品地理标志登记。

历史传承：栗蘑又称灰树花，由野生种驯化而来。1992年迁西县科研人员人工栽培成功，1996年获得国家专利。迁西县作为起草单位，编制了农业行业标准《NY/T 446—2001灰树花》。经过多年选育，主打品种为迁西栗蘑3号。

荣誉称号：2013年获"中国栗蘑之乡"称号，2015年获"全国优秀主产基地县"称号，2016年获"最具投资价值产地品牌""河北省食用菌现代园区示范基地县"称号，2017年获"河北省十佳食用菌知名品牌"称号和"全国栗蘑特色小镇"称号。

龙头企业：迁西县食用菌产业协会，联系人韩宝军：18633163576。虹泉食用菌专业合作社，商标"虹泉"，联系人付庆成：13393250298。迁西县尚菌堂生物科技有限公司，商标"尚菌堂"，联系人李海宝：13582564409。

（迁西农牧局　姬利新）

二、平泉滑子菇

产品及区域公用品牌：中国·河北·平泉滑子菇

产品特点：菇形圆整，颜色黄白，黏液层薄，质致密，平均单重9克，不易开伞。具特殊清香味。

核心产区：北纬40°24′~40°40′，东经118°21′~119°15′，卧龙和杨树岭等19个乡镇291个村。2017年生产8 000袋，面积1万亩，产量10万吨，产值6亿元。2010年获农业部农产品地理标志登记。

历史传承：1991年始有庭院架式托盘栽培。2010年后呈现园区化集约化架式、垛式栽培，设施由竹木结构向钢筋钢管单层棚和日光温室演变，出菇由春栽秋出，发展到冬栽而春夏秋三季出菇，质量和效益提高明显。

荣誉称号：2005年中国食用菌协会评为"中国滑子菇之乡"，先后获有关部门"全国食用菌行业先进县""全国首批园艺产品出口示范县""中国食用菌之乡""全国食（药）用菌行业标准化示范县""全国小蘑菇新农村建设优秀示范县"等称号。

龙头企业：承德润隆食品有限公司，商标"润隆"，联系人修占云：13903143677。平泉县九龙菌业专业合作社，联系人张德生：13513143855。平泉龙腾食品有限公司，联系人孙生：13831483883。平泉县田野食用菌专业合作社，联系人周会祥：13831442906。平泉市兴科食用菌专业合作社，联系人梁希才：13803144236。

（平泉市食用菌产业服务局　李忠民）

三、灵寿金针菇

产品及区域公用品牌：中国·河北·灵寿金针菇

产品特点：子实体晶莹洁白，盖径约1.5厘米，柄长13～15厘米，开伞菇≤60%。口感盖滑嫩、柄脆嫩。上等火锅涮料，汤清味美。

核心产区：北纬38°16′～38°48′，东经113°45′～114°28′，灵寿、北洼、三圣院、南寨、青同、牛城、狗台、塔上、燕川、谭庄、慈峪、岔头和陈庄镇，年产量11万吨。设施栽培，四季生产，周年供应。2010年获农业部农产品地理标志登记。

历史传承：1980年前，灵寿镇孟托村一带在庭院或闲散地始有种植。到1990年辐射到全县，因质量上乘，赢得市场青睐，远销全国各地，收益颇丰。随后引入工厂化种植，逐步形成标准化栽培技术体系，生产效率和产品质量大幅度提高。

荣誉称号：2002年"河北省食用菌之乡"，2005年"中国金针菇之

乡""全国标准化示范县",河北省第八届消费者信得过产品。"灵洁"牌食用菌先后获"全国食用菌行业最具影响力品牌"、河北省著名商标和中国第十届农产品名优产品称号。2016年京津冀首届蔬菜产销对接大会"十大地方特色蔬菜"称号。

龙头企业:灵寿县灵洁食用菌专业合作社,商标"灵洁",联系人雷全瑞:13803112765。

（灵寿县农牧局 高庆发）

四、遵化香菇

产品及区域公用品牌：遵化香菇

产品特点：子实体半球形、圆整，柄细短。菌盖朵大，淡褐色至褐色，菌褶白色，近半球或伞形。肉质肥厚。

核心产区：北纬39°55′30″～40°21′22″，东经117°45′11″～118°14′06″，平安城镇的平安城一村、平安城二村、平安城三村、平安城四村、东门庄、后所屯等38个村。2013年获农业部农产品地理标志登记。2017年在国家工商总局注册地理证明商标。

历史传承：1994年引进种植。结合本地实际不断完善生产过程，集成标准化栽培技术和产品加工技术。目前成为我国北方重要的食用菌基地之一。

荣誉称号：2008年"中国香菇之乡"，2012年全国食用菌产业化建设示范县，2015年全国食用菌优秀主产基地县，2017年河北省食用菌

产业发展大会暨中国国际食用菌新产品新技术博览会银奖。

　　龙头企业：河北美客多食品集团有限公司，商标"美客多"，联系人杨丽艳：18633188599。遵化市众鑫食用菌专业合作社，商标"众鑫农珍"，联系人孙辉：13832593455。遵化市正和伟业食用菌专业合作社，商标"遵菇源"，联系人崔岩：18713850300。

（遵化市农业畜牧水产局　赵铁军）

第五章

特色瓜果

一、新乐西瓜

品种及区域公用品牌：中国·河北·新乐西瓜

产品特点：瓤质酥脆，风味独特。

核心产区：北纬38°15′29″～38°29′53″，东经114°30′22″～114°56′35″，大流、小流、渔砥、南苏等村。2017年种植1.2万亩，总产量6万吨。2013年获国家质检总局地理标志产品保护。

历史传承：域内多沙性土壤，种植西瓜历史悠长。改革开放后，大面积规模化种植。20世纪80年代引入地膜覆盖、设施栽培和育苗移栽等新技术，最早的茬口提前到2月中下旬定植，供应期提前到5月份。

荣誉称号："新沙蜜"牌新乐西瓜先后获石家庄市首届农业产业化产品推介会知名品牌、河北省著名商标和河北省消费者信得过产品称

号。"新益沙"品牌获2016年农合之星"优秀合作社品牌"。国峰瓜菜专业合作社2010年被农业部评为国家级示范社。2016年无公害农产品产地。

龙头企业：新乐市西瓜协会，联系电话：13933084121。

（新乐市农林畜牧局　王增国）

二、阜城漫河西瓜

产品及区域公用品牌：中国·河北·漫河西瓜

产品特点：果皮韧性较强，抗裂性较好；瓤色鲜红，质脆沙无空洞，纤维少、不倒瓤。口感清脆爽口，甜味清雅。

核心产区：北纬37°48′11″～37°50′23″，东经116°07′26″～116°47′55″，漫河乡和古城镇沿古屯氏河道，保护面积3.8万亩，种植1.5万亩，年产量6万吨。设施栽培为主，每年5～7月上市。2011年获农业部农产品地理标志登记。

历史传承：雍正年间《阜城县志》载：西瓜，味甲于他县，石井所产尤佳于他乡。石井即现在的漫河一带。近年来，结合产业扶贫，在漫河一带大力发展设施栽培，加强技术集成，推行标准化生产，保证了

西瓜品质的稳定。2011年成为国家西甜瓜产业技术体系石家庄综合试验站示范基地。

荣誉称号：2002年河北省农业厅命名为"河北西瓜之乡"，2006年获农业部无公害农产品证书，连续十年被评为"河北省名优农产品"。

龙头企业：阜城县常青藤瓜菜种植农民专业合作社，联系人许瑞旺：13623189268。阜城县丰源瓜菜种植农民专业合作社，联系人李占平：13785885055。阜城县贵丰瓜菜种植农民专业合作社，联系人崔志明：15175483893。

(阜城县农林局　赵国军)

四、青县羊角脆甜瓜

产品及区域公用品牌：中国·河北·青县羊角脆

产品特点：瓜棒槌形，一端粗大、一端稍细，曲似羊角。瓜长25～35厘米，单重500克～900克，皮色灰白。肉色淡绿，瓤橘黄，厚2厘米左右，质松脆，味香甜，可溶性固形物含量≥12%。

核心产区：北纬38°24′～38°45′，东经116°34′～117°06′，种植于11个乡镇场，345个行政村。2017年种植6.5万余亩，总产量24万吨。主要为设施栽培，5月至10月供应，旺季日供1 000吨以上。2015年获国家质检总局地理标志产品保护。

历史传承：种植历史悠久，民国十九年《青县志》有明确记载。曾为常规农家种，露地生产多与棉花、玉米、花生等夏秋作物间作种植。目前多为改良品种，2002年以来发展设施栽培，形成完善的标准化技术体系。

荣誉称号：2016年入选京津冀首届蔬菜产销对接大会十大地方特色产品。

龙头企业：青县司马庄绿豪农业专业合作社，商标"大司马"，联系人李志彬：13831773166。青县广旺农业专业合作社，商标"旺耕"，联系人张文君：13931786666。青县根枝叶蔬菜种植专业合作社，联系人刘印树：18932752159。青县振西蔬菜种植专业合作社，商标"炎淼"，联系人张树森：13643288799。

（青县农林局 殷汝松）

五、安次甜瓜

产品及区域公用品牌：中国·河北·安次甜瓜

产品特点：瓜椭圆形，单重1.0～1.5千克；皮较厚，纯白色，光滑靓丽；瓜肉白色，质地细密，脆爽似梨多汁，香甜可口。

核心产区：北纬39°23′17″～39°29′37″，东径116°36′15″～116°40′65″，辛其营、北茨平、孟村、西太平庄、柴家务、南固城、东固城、西固城、大北市、小北市、安乐、前南庄、后南庄、小茨乡、小麻村和大垡16个村街。2017年种植5.1万亩，总产量19.38万吨。设施栽培，四季生产，周年供应。2011年获农业部农产品地理标志登记。

历史传承：1987年引种成功，因质优物美，深受市场欢迎，规模迅速扩大。1996年注册"金都"商标，1997年中国特产研究会命名为"蜜瓜特产之乡"。2000年，确立适宜主栽品种，开展技术集成，推行标准化生产。

荣誉称号：1997年获"河北省名牌产品"，北京第三届中国农业博览会名牌产品；1999年河北省名牌农产品，并获昆明世界园艺博览会铜牌。2006年以来，分获第十届、第十一届、第十二届、第十三届中国（廊坊）农产品交易会名优农产品称号。

龙头企业：廊坊市臻味农品农业科技有限公司，商标"金都蜜瓜"，联系人刘旭阳：13901306177。

（廊坊市安次区农业局　程琳）

六、乐亭甜瓜

产品及区域公用品牌：中国·河北·乐亭甜瓜

产品特点：皮薄肉厚，光泽艳丽。口感甜脆适口，香味浓郁。耐贮运。可溶性固形物含量≥11%，甜度≥14度。

核心产区：北纬39°06′～39°30′，东经118°41′～119°18′，乐亭镇、汀流河和毛庄乡等9个乡镇。2016年种植面积11万亩，总产量38.75万吨。生产采用日光温室、加苦棚、春棚、秋延后等多种模式，四季生产，周年供应。2016年获国家质检总局地理标志产品保护。

历史传承：甜瓜栽培在乐亭已有400余年历史，始终采用"地爬"方式，20世纪80年代中后期设施栽培也遵循这一传统。1993年首创吊

蔓栽培，品质改善，产量翻倍增长，效益大幅提高。经20多年的实践探索，品种、设施、温控、育苗、管理等多项技术得到创新，生产水平大幅度提高。

荣誉称号：2014年"汀香牌"甜瓜获河北省知名品牌。

龙头企业：乐亭县万事达生态农业发展有限公司，商标"呔城"，联系人陈志杰：18931514987。乐亭县顺程果蔬专业合作社，商标"顺程"，联系人冯大宝：13803325198。乐亭县汀流河镇甜瓜协会，商标"汀香"，联系人刘东峰：13230823666。

（乐亭县农牧局　葛志杰）

七、饶阳甜瓜

产品及区域公用品牌名称：饶阳甜瓜

产品特点：厚皮类型，果型优美，瓜肉厚嫩，甜美多汁，清香袭人。富含维生素A、维生素C和钙、磷、钾等微量元素。

核心产区：北纬38°07′～38°21′，东经115°39′～115°51′，饶阳境内滹沱河两岸大官亭、大尹村、饶阳和留楚等乡镇。日光温室和塑料大棚栽培为主，年种植3万亩左右，总产量13.8万吨，4月下旬上市，供应期3个月。2014年获国家质检总局地理标志产品保护。

历史传承：饶阳已有300多年甜瓜种植历史，史料记载清康熙年间已有小规模种植。20世纪90年代以来，引入设施生产技术，甜瓜产业进入快速发展时期，全县实施农业转型战略，推动甜瓜产业由数量型向质量型转变，甜瓜品质明显提升。

龙头企业：饶阳县银众果蔬种植专业合作社，商标"睿康"，联系

人张建康：13633282668。饶阳县玉品鲜果蔬专业合作社，联系人宋彦文：18875715222。饶阳县向阳蔬菜专业合作社，商标"固康"，联系人刘国柱：13513189158。

（饶阳县农林局　白凤虎）

八、满城草莓

产品及区域公用品牌：满城草莓

产品特点：果形美观、果个均匀，果色均匀、富有光泽，酸甜可口、香味浓郁，可溶性固形物及维生素C等含量高。

核心产区：北纬38°46′～38°59′，东经115°14′～115°24′，满城、南韩村、方顺桥等7个乡镇。2017年种植2.87万亩，总产量5.39万吨。设施与露地多种模式栽培，鲜果供应时长8个月。2016年获农业部农产品地理标志登记。

历史传承：始于20世纪50年代，到20世纪80年代，品种更新加快，地膜覆盖和设施栽培兴起，成为全国草莓主产区。新世纪，遵循现代农业发展方向，实现规模化种植、标准化生产、质量可追溯和品牌化销售。

荣誉称号：2002年河北省农业厅评为"河北草莓之乡"，2005年认定为河北省名优产品，2013年入选"河北骄傲——代表河北的100张名

片",2015年获"中国草莓之乡"称号,2017年获河北省十佳区域公用品牌。

龙头企业:保定市沃土果蔬种植专业合作社,商标"孙村沃土",联系人贾永刚:13582078333。满城县瀚隆果蔬农民专业合作社,商标"瀚隆",联系人姚保安:15531236666。

(保定市满城区农业局 王洪远)

第六章

特色水果

一、内丘富岗苹果

产品及区域公用品牌：富岗苹果

产品特点：单果重≥200克，色紫红亮洁。肉淡黄色，质细脆，味清香，酸甜适口。可溶性固形物含量≥14.5%。

核心产区：北纬37°09′11″～37°26′39″，东经113°56′43″～114°38′16″，侯家庄、獐么和南赛3个乡镇的87个村，海拔500～1200米，片麻岩中性偏酸沙质土壤。现有基地10万亩，年产量15万吨。气调库冷藏，冷链运输，全年供应。2011年获国家质检总局地理标志产品保护。

历史传承：有多年栽培历史。1996年以来，在"太行山上新愚公"李保国教授指导下，试验总结形成128道标准化工序，用于生产实践，有效解决了长期的粗放管理。产量、质量大幅度跃升，生产基地成为国家标准化生产示范区、全国园艺作物标准园。

荣誉称号：中国驰名商标。先后获河北名牌产品、河北著名商标、1999年昆明世博会银奖、2008年奥运专供产品、绿色食品、有机产品、

中国百家农产品品牌、第二十一届廊坊农交会"果王"、河北省十大林果产品品牌等荣誉。被誉为"中华名果"。

龙头企业：河北富岗食品有限责任公司，商标"富岗FUGANG"，联系人赫晓伟：13930980897。内丘县硕源苗木繁育有限责任公司，商标"泉方峪"，联系人杨双奎：13930949873。

（内丘县农业局　苏常青，河北富岗食品有限责任公司　赫晓伟）

二、怀来石洞彩苹果

产品及公用品牌名称：石洞彩苹果

产品特点：果扁圆、端正，色粉艳，自带条状花纹，皮薄、肉脆、糖分大，口味甘甜，香味浓郁。

核心产区：北纬40°11′～40°15′，东经115°43′～115°47′，

小南辛堡镇石洞、庙港、水头、化庄和松蓬寺5个村。2017年保有面积500亩，年产量250吨，8月下旬采收，采收期15天。2017年获国家质检总局地理标志产品保护。

历史传承：元代有彩苹果作为贡品进献宫廷的记载。经历代劳动人民不断改良，成为传诸后世的"彩苹果"。中华人民共和国成立初期，曾被指定为国宴用品，周恩来总理题词赞誉为"中国彩苹果第一村"。因其树种古老，独具中国特色，又被称为"中国苹果"。

荣誉称号：1958年石洞村彩苹果受到国务院和河北省人民委员会嘉奖，并获得国务院颁发的奖状。

龙头企业：怀来县彩红水果种植专业合作社，联系人赵忠勋：13582431818。怀来县好运来水果种植专业合作社，联系人王志利：13696303710。

（怀来县农牧局 王建英）

三、承德国光

产品及区域品牌名称：承德国光

产品特点：中型果，面光色艳。可溶性固形物含量≥16%，可滴定酸≤0.5%。质细脆多汁，味清香，酸甜适口。耐贮藏。

核心产区：北纬40°30′～41°01′，东经118°0′～118°15′及其周边低山丘陵区种植，昼夜温差16℃以上。2016年种植16万亩，产量12万吨。普通窖藏可至翌年5～6月。2010年获国家质检总局地理标志产品保护，2016年在国家工商总局注册地理证明商标。

历史传承：品种为小国光。史料记载乌龙矶村20世纪40年代始有20余株，至今仍有超60年的老树两株，华盖如云，生机盎然，被誉为"国光王"。中华人民共和国成立后规模种植，因果品质优而深受消费者欢迎，始终未被其他品种所取代，成为本县及周边特色果品。

荣誉称号：2007年获中国优质苹果金奖和"中华名果"称号，2009年河北省林业厅认定为无公害果品生产基地，连获四届"河北省名牌产品"和七届省优质农产品称号，2012年中国经济林协会命名为"中国国光苹果之乡"。

龙头企业：承德嘉沃农业科技发展有限公司：13503145626。承德县和林果品种植有限公司：13831475688。承德县保丰龙果品专业合作社：13131446362。

（承德县农牧局　郭许良）

四、晋州鸭梨

产品及区域公用品牌：晋州鸭梨

产品特点：果色金黄，皮薄而光滑。肉细嫩，清白如玉。酸甜可口，清香多汁，素有"落地酥碎，嚼后无渣"之美誉。

核心产区：北纬37°50′15″～38°01′32″，东经115°01′17″～115°13′22″，东卓宿、周家庄、东里庄、总十庄、马于、营里和桃园等乡镇。2017年种植面积12万亩，总产量34万吨。气调库贮存，可全年供应。2010年获国家质检总局地理标志产品保护。2012年在国家工商总局注册地理证明商标。

历史传承：鸭梨栽培历史悠长。因域内土质为滹沱河冲积而来的沙壤潮土，适宜优质鸭梨生产。曾作为真定府献给皇宫的贡品，故称真定御梨。中华人民共和国成立后，曾由天津口岸经营出口，外贸称"天津鸭梨"；后经河北口岸出口，又称"河北鸭梨"。1983年后，种植面积

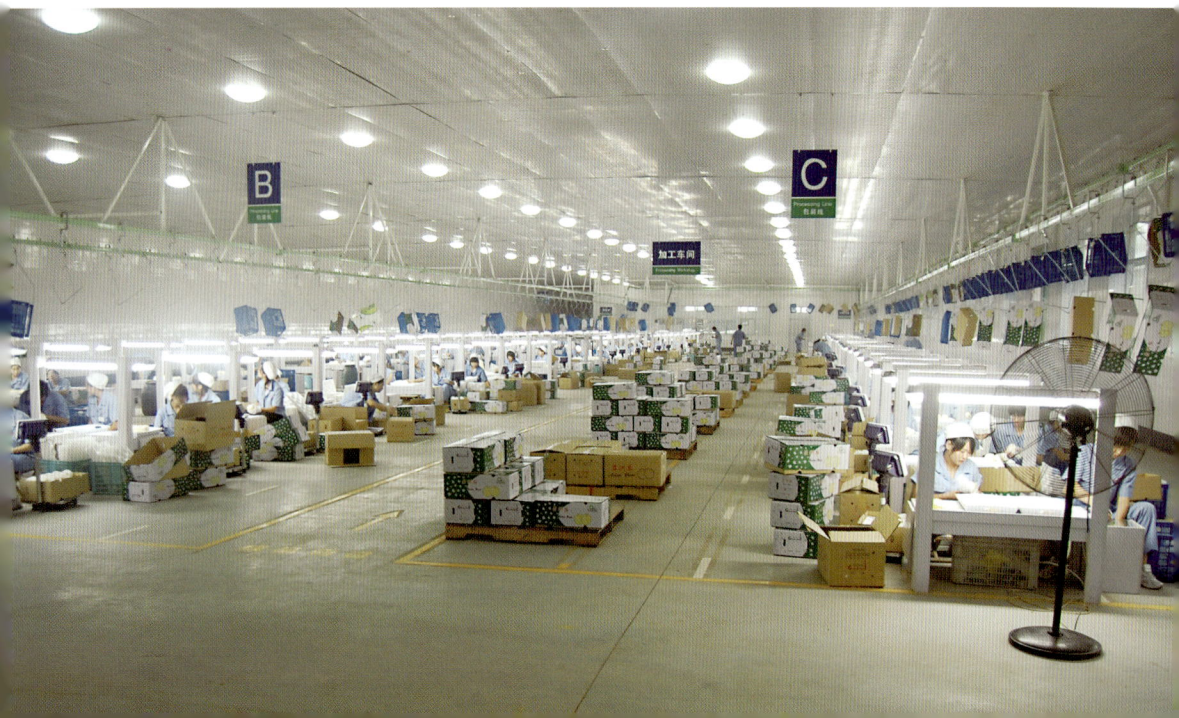

迅速扩大，并推广绿色标准化管理，出口备案基地果园25 800亩。目前域内仍保有大量古梨树。

荣誉称号：1995年被命名为"中国鸭梨之乡"，2014年第十八届中国（廊坊）农产品交易会金奖，2016年被评为首届河北省名优农产品区域公用品牌。

龙头企业：河北省晋州市长城经贸有限公司，商标"芙润仕"，联系人任建中：13831146661。石家庄丰达金润农产品有限公司，商标"冀峰"，联系人范彦博：13780515313。

（晋州市农林畜牧局　傅运）

五、泊头鸭梨

产品及区域公用品牌：中国·河北·泊头鸭梨

产品特点：柄、果连接处有鸭突；果倒卵圆形，皮黄绿色，果点细小；果肉乳白多汁、石细胞少而小，味甜，果香浓郁。

核心产区：北纬37°54′～38°13′，东经116°02′～116°05′，齐桥、洼里王、王武、泊镇、交河、富镇6个乡镇。2017年种植25万亩，总产量60万吨。贮藏能力强大，可周年供应。2004年获国家质检总局原产地保护。2009年在国家工商总局注册地理证明商标。

历史传承：因品质优良，历史悠久，是重要出口商品。20世纪80年代以来，推行无公害标准化生产，加强管理，培育品牌，品质稳步提高。

荣誉称号：国家级鲜梨出口质量安全示范县，国家级无公害鸭梨标准化示范区，河北省果品基地县。2012年"金马"牌鸭梨获河北省优质产品称号，"泊洋""金马""亚丰""玉晶""齐桥"牌鸭梨为河北省

著名商标，2017年河北省"十大林业地域公用品牌"。

龙头企业：泊头东方果品有限公司，商标"金马""玉晶"，联系人朱立志：13603271516。泊头亚丰果品有限公司，商标"泊洋""齐桥""亚丰"，联系人于立祥：13633379949。泊头庞龙果品有限公司，商标"广龙"，联系人庞连发：13582723385。

（泊头市农业局）

六、魏县鸭梨

产品及区域公用品牌：中国·河北·魏县鸭梨

产品特点：果球形端正，面光洁，皮薄肉厚，渣少核小，酸甜适度，可溶性固形物含量≥11%，总酸小于≤0.16%。

核心产区：北纬36°03′26″～36°26′30″，东经114°43′42″～115°07′24″，魏城镇、东代固镇最集中。2017年果园面积10万亩，产量30万吨，产值6.5亿元。2007年获国家质检总局地理标志产品保护。

历史传承：据考证秦汉时期已有种植，北宋时大面积栽培。清朝魏县知县毛天麒曾留下"长林响梨叶，秋光遍原埠"的著名诗句。中华人民共和国成立后，特别是改革开放后，鸭梨面积继续扩大，因品质独特而享誉国内外。

荣誉称号：在2012年、2014年河北省林业厅组织的两届全省果品

从梨柄处可撕开的脆，**鲜甜** 汁液 流淌

鲜甜

擂台赛上获"果王"称号。

  龙头企业：魏县玉堂果品农民专业合作社，商标"李玉堂"，联系人李玉堂：13930036036。魏县梨花果品农民专业合作社，商标"涛江"，联系人史义：13731001901。魏县峰鲜宝果品服务专业合作社，商标"峰鲜宝"，联系人孙海和：13932001770。

（魏县农牧局　刘忠堂）

七、宁晋鸭梨

产品及区域公用品牌：宁晋鸭梨

产品特点：果正，有鸭头状突起，单果重180克以上。皮薄绿黄面光，果点小且色浅，微有蜡质。肉质细脆、石细胞少，味酸甜适中，清香浓郁。耐贮，贮后风味更佳。

核心产区：北纬37°24′～37°48′，东经114°46′～115°15′，县东北部纪昌庄等11个乡镇，种植10万亩，年产量15万吨。冷藏库200座，全年供应。2007年获国家质检总局地理标志产品保护。

历史传承：《史记·货殖列传》载"常山以南，河济之间本千树梨"，即为宁晋一带；魏文帝曹丕曰"真定御梨，甜如蜜、脆如菱，可以解烦，释清"。省志载"鸭梨原产地于宁晋"。中华人民共和国成立后，国家有关部门认定为中国鸭梨最佳品种，长期出口。近年来大力推广标准化栽培，品质稳定，特色突出，知名品牌有"绿唐""燕赵""霍家庄园""福森"等。

荣誉称号：1987年"鸭梨名特优经济林基地县"和"优质梨出口

基地"，2002年中国名优产品和河北省名牌产品，连续七届中国（廊坊）农交会名优果品，2005年"燕赵"牌鸭梨获第九届中国（廊坊）农产品交易会"果王"称号。

龙头企业：宁晋县雨佳果树种植专业合作社，商标"霍家庄园"，联系人霍林锋：18713920888。宁晋县福森果品有限公司，商标"福森"，联系人王英辉：13293129181。

（宁晋县林业局 耿俊国）

八、赵县雪花梨

产品及区域公用品牌：赵县雪花梨

产品特点：果实个大、体圆、皮薄肉厚。果肉洁白如玉，含多种有机酸、蛋白质、矿物质和多种维生素等。

核心产区：北纬37°46′～38°00′，东经114°00′～114°44′，县东部范庄、谢庄两个乡镇50多个村。2017年种植25万亩，总产量约62万吨，年贮藏能力50万吨，可周年供应。2016年获农业部农产品地理标志登记。

历史传承：赵县特色农产品，秦汉以来，就被历朝历代选作贡品，进贡朝庭。因果肉洁白如玉，似霜如雪而得名"雪花梨"。古有"大如

拳，甜如蜜，脆如菱"之说，与赵州桥齐名。在梨产区，百年以上老树遍及各村，通过标准化栽培，老果园焕发生机，质量稳定，深受市场欢迎。

荣誉称号：连续荣获"中国雪花梨之乡"、全国"经济林示范县""经济林建设先进县""中华名果""世博会银奖""中国国际农业博览会名牌产品"，林博会金奖，全国名优果品区域公共品牌，"省级现代农业园区"。

龙头企业：河北绿诺食品有限公司，商标"梨工场"，联系人牛丽英：13931189968。赵县冀华星果品专业合作社，商标"冀华星"，联系人安青川：13832186678。

（赵县绿色食品管理办公室　王红霞）

九、顺 平 桃

产品及区域品牌名称：顺平桃

产品特点：分油桃、水蜜桃和蟠桃三大系列。色泽艳丽、脆爽可口、甘甜味美。

核心产区：北纬38°45′～39°07′，东经114°50′～115°17′，河口、白云、安阳、台鱼4个镇的62个村。每年4月中旬至国庆节前后，都有鲜桃上市。2017年种植14.5万亩，总产量35万吨，无公害农产品认证6万亩，绿色食品认证8 700亩。2010年获国家质检总局地理标志产品保护。

历史传承：史料载，尧舜时代，舜把桃树引入保定一带栽培，"桃"曾作为部落图腾。顺平种植鲜桃历史不曾中断。中华人民共和国成立以来，特别是改革开放后，呈现规模化、基地化、园区化发展，推行无公害生产和绿色生产，产品质量上乘。

荣誉称号：2001年国家林业局评为"中国桃乡"。河北省优质桃生

顺平县人民政府：

经审查：批准顺平桃为国家地理标志保护产品

中华人民共和国地理标志保护产品

PGI

顺平桃

PEOPLE'S REPUBLIC OF CHINA

公告号：2010年第145号

国家质量监督检验检疫总局

二○一○年十二月十五日

产基地县。"顺富""寰宇"为河北省名牌产品。

龙头企业：顺平县望蕊鲜桃专业合作社，联系人张国桥：13933250088。顺平县汇彤果品专业合作社，联系人赵彤升：13930832020。顺平县茂丰家庭农场，联系人苏大栓：15930266788。

（顺平县农业局　裘金雪）

十、深州蜜桃

产品及区域公用品牌：深州蜜桃

产品特点：果型美，色泽艳，肉细嫩甘甜多汁，蜜香味，富含糖类、维生素、钙、磷、铁等成分，鲜食、加工皆上品。

核心产区：北纬37°43′～38°10′，东经115°21′～115°48′，穆村乡、兵曹乡、唐丰镇、深州镇、辰时镇、东安庄乡、大冯营乡。目前种植面积5 000亩，年产量7 500吨。2014年获国家质检总局地理标志产品保护。

历史传承：深州西汉初年因产优质桃而曾得名"桃县"，后封"桃侯国"，存续250年。栽培历史已有2 000多年，因质优而驰名中外。中华人民共和国成立以来，一直得到保护、传承和发展。近年来推行标准化生产，产品品质稳定提高。

荣誉称号：国家蜜桃生产基地县，全国平原绿化先进单位，国家经济林之乡，2014年和2015年连续两年获中国国际（廊坊）农交会"果王"称号。

龙头企业：富瑞特食品有限公司，商标"富瑞特"，联系人马云宽：13932832769。

（深州市林业局　李长春）

十一、宣化牛奶葡萄

产品及区域公用品牌：中国·河北·宣化牛奶葡萄

产品特点：穗大粒大，果皮薄，果肉脆，多汁，糖酸比适中，口感好，可剥皮，可切片，素有刀切牛奶不流汁的美誉。

核心产区：北纬40°37′，东经115°03′，以春光乡观后村、大北村、盆窑村和河子西乡陈家庄村4个村为主要产区。2017年种植1 570亩，总产量3 000吨。2007年在国家工商总局注册地理证明商标，获国家质检总局地理标志产品保护。2017年1月获生态原产地保护认证。

历史传承：宣化有一千多年葡萄栽培历史，牛奶葡萄为全国著名果品，名扬海内外，曾为清代皇宫贡品。中华人民共和国成立后，曾出口香港、东南亚和英国等地。近年来，宣化果农将现代栽培技术应用到传统的牛奶葡萄生产中，品质有了进一步提高。2013年，"宣化传统葡

萄园"入选首批中国重要农业文化遗产，"宣化城市传统葡萄园"入选全球重要农业文化遗产。

荣誉称号： 1915年巴拿马万国物产博览会"荣誉产品奖"。1999年昆明世博会铜奖。2009年最具竞争力的地理标志商标。

龙头企业： 宣化区红园葡萄种植专业合作社，联系人廖桂珍：13084573769。

（张家口市宣化葡萄研究所　梁晓静）

GIAHS全球重要农业文化遗产
中国重要农业文化遗产
宣化城市传统葡萄园
联合国粮农组织
中华人民共和国农业部
二〇一三年七月

十二、饶阳葡萄

产品及区域公用品牌：中国·河北·饶阳葡萄

产品特点：果粒大小匀称，果霜明显，皮薄肉嫩，酸甜可口，口感极佳。

核心产区：北纬38°04′～38°21′，东经115°33′～115°51′，大官厅、大尹村、饶阳、留楚、同岳、五公和东里满7个乡镇。设施栽培与冷藏保鲜相结合，鲜果5月份上市，能够周年供应。2017年种植面积12万亩，产量24万吨。2015年获国家质检总局地理标志产品保护。

历史传承：饶阳葡萄栽培历史悠久，长期以庭院栽培为主。20世纪50年代，全国著名劳动模范耿长锁邀请河北省农林科学院专家指导，在五公村一带规模种植，获得成功。2008年后引入设施栽培，大力推广

标准化生产。

荣誉称号：2015年第十九届中国廊坊农产品交易会京津冀名优果品擂台赛金奖。2016年第二十届中国廊坊农产品交易会硅谷杯京津冀名优果品擂台赛金奖。2017年第二十一届中国廊坊农产品交易会红石沟杯京津冀名优果品擂台赛金奖。

龙头企业：饶阳县高村春光葡萄专业合作社，商标"饶康"，联系人柳长在：13932804326。饶阳县西艾葡萄专业合作社，商标"万爱"，联系人薛金扣：18831816555。河北新饶农业科技有限公司，商标"新饶"，联系人何雨航：18932808999。

（饶阳县农林局　张铁兵）

十三、阳原南口供佛杏

产品及区域公用品牌：中国·河北·南口供佛杏

产品特点：果端正个大整齐。色淡黄，阳面有橘红色斑点。肉离核，肉质细腻味香，汁充沛，酸甜爽口。杏仁甜，可食。

核心产区：北纬39°53′33″～40°22′51″，东经113°54′09″～114°48′21″，阳原境内14个乡镇均有种植。常种植于庭院和山坡地，面积约1万亩，年产量1万吨。2017年获农业部农产品地理标志登记。

历史传承：已有百年栽培历史。县志载：民国七年(1918年)，阳原县南口村安乐寺高僧门静，亲手在寺院前种植杏树两棵，成活一棵，经门静禅师精心培育，五年后结果，八年进入盛果期。门静禅师采摘成熟杏果供奉诸佛，故名"供佛杏"。由此树繁殖扩种，形成至今规模。被誉为"京西第一杏"。

荣誉称号：1991年河北省杏品种鉴评会中晚熟杏品种第一名。1999年作为张家口市名优产品到世博会参展，深受国内外客商好评。

龙头企业：高墙乡农业综合服务中心与张家口市天雅文化传媒有限公司合作，注册"恭福"牌商标及供佛杏商标图案，统一制作包装销售，联系人张占斌：13932373903。

（阳原县农牧局王建文　石俊春）

十四、巨鹿串枝红杏

产品及区域公用品牌：中国·河北·巨鹿串枝红杏

产品特点：果型大，色红、鲜艳。肉厚离核，酸甜、清香，较耐贮运，加工、鲜食兼用。

核心产区：北纬37°07′18″～37°18′32″，东经114°50′14″～115°12′50″，巨鹿镇、堤村乡、小吕寨镇100多个村。2017年种植6.4万亩，总产量近8万吨。2010年在国家工商总局注册地理证明商标。

历史传承：已有300多年历史，"串枝红杏"为本土品种，适应性强，耐旱。2006年大棚试种成功，上市期提前到4月份，外观和风味俱佳，收益颇丰。已引入标准化生产。

荣誉称号：先后获得"中国串枝红杏之乡"、全国"杏良种示范推广基地"和"国家级串枝红杏标准化示范区"荣誉称号。

APRICOT JUICE

果汁含量≥40%

黄杏果汁-美味更健康！

源自国家级串枝红杏标准化示范区，所含营养丰富，富含多种维生素，是不可多得的健康饮品。

| 品名：杏好有你 | 产品规格：500ml×15瓶 |

龙头企业：巨鹿县三丰银杞饮品有限公司，商标"银杞"，联系人王立军：13785961786。

（巨鹿县林业局 王国标）

十五、黄骅冬枣

产品及区域公用品牌：中国·河北·黄骅冬枣

产品特点：鲜果鲜红或赭红色，皮薄核小，肉质鲜脆甘甜。维生素C含量高。

核心产区：北纬38°09′～38°39′，东经117°05′～117°49′，遍及黄骅9个农业乡镇。现有15万亩，2017年产量7万吨，产值近4.2亿元。2002年获国家质检总局原产地域产品保护。2014年在国家工商总局注册地理证明商标。

历史传承：栽培历史可上溯至秦汉时期，史载"柳县章武(秦汉时黄骅域内置柳县、章武)皆植枣，以此物当食，家酿半斛，殷实富足"。"聚

馆古贡枣园"为全国重点文物保护单位。黄骅市为全国冬枣种源基地。

荣誉称号：1996年林业部"黄骅冬枣产业化发展论证会"评为"260余个鲜食枣品质之冠"。1998年第十届国际名优土特新产品博览会金奖。1999年昆明世博会金奖。聚馆古贡枣园为中国冬枣唯一"国保"级品牌。

龙头企业：黄骅市天天食品发展有限公司，商标"十月红"，联系人张树生：13932787771。黄骅市国润生态食品有限公司，商标"古园"，联系人韩晓峰：13603271062。黄骅市孔店冬枣开发有限公司，商标"秋里红"，联系人刘金恒：0317-5835567。黄骅市天泽生物科技有限公司，联系人李国强：13716015177。

（黄骅市农业局　冯宝山　刘浩升　刘玉洋）

十六、赞皇鲍家滩樱桃

产品及区域公用品牌：中国·河北·鲍家滩樱桃

产品特点：果柄粗短，色泽紫红鲜亮，个头整齐，皮薄肉硬汁多，口感酸甜可口，耐贮运。

核心产区：北纬37°09′36″～37°39′36″，东经114°02′36″～114°27′36″，鲍家滩、龙堂院、寺峪、千根、都户等20多个村。2017年种植5万余亩，产果期果园1.2万亩，年产量近600万千克。设施栽培近百亩，可在4月初上市。2010年在国家工商总局注册地理证明商标。

历史传承：鲍家滩村1996年引进种植，逐步发展到现在的20多个村，生产品种85个。2000年开始发展采摘，收益颇丰，亩收入3万～5万元。引入标准化理念后，推广绿色种植、有机生产，标准化基地1.2万亩，其中有机认证1 000亩，发展大棚樱桃100亩。

荣誉称号：2012年荣获"河北省著名商标"和"河北省旅游观光

采摘果园"称号。2017年荣获"河北省旅游休闲农业区"称号。

　　龙头企业：赞皇县福源樱桃专业合作社，商标"鲍家滩"，联系人王国军：13730103329。赞皇县花果山农业开发有限公司，商标"太行红"，联系人褚金凤：13582816399。

（赞皇县农畜局　郝俊丽）

十七、兴隆山楂

产品及区域公用品牌：中国·河北·兴隆山楂（兴隆红果）

产品特点：果个大，色赤红，肉肥厚柔韧，味酸甜糯而清口，软硬适中，耐贮运。

核心产区：北纬40°17′～40°40′，东经117°18′～118°15′，县内20个乡镇，290个行政村均有种植。现有种植面积22万亩，常年产量22万吨。2013年在国家工商总局注册地理证明商标，2016年获国家质检总局地理标志产品保护。

历史传承：明嘉靖年间被奉为贡品和珍品。现有百年以上大树上千株，仍枝繁叶茂硕果累累。兴隆人民数百年来通过不断实践总结，形成了特有栽培系统。2017年兴隆传统山楂栽培系统入选中国重要农业文化遗产。

荣誉称号：1991年国家林业部、农业部确定为全国山楂生产基地

县；2002年河北省林业局命名为"河北山楂之乡"；山楂罐头、果酒、饮料多次获得部优、省优称号。2017年河北省第二届十佳农产品区域公用品牌。

龙头企业：兴隆县北水泉乡你我他山楂农民专业合作社，商标"果客"，联系人史恩来：13730245488。兴隆县瑞泰蔬果种植农民专业合作社，商标"冀兴达隆"，联系人张学军：13383143555。承德三兴食品有限公司，商标"维雅思""雾灵"，联系人马小波：18503145939。

（兴隆县农牧局　丁志军）

十八、清河山楂

产品及区域公用品牌：清河山楂

产品特点：果个大，色鲜艳。肉厚质嫩，口感酸甜适宜。味佳质优，药食两用。

核心产区：北纬37°03′～37°08′，东经115°34′～115°39′，葛仙庄镇马屯、岳庄、花园、茶店、陈村等13个村。现有面积2.4万亩，年产量7.2万吨。2017年在国家工商局注册地理证明商标。

历史传承：清河种植山楂仅有30多年的历史，但自引进以来，就表现出明显优势，与原产地相比，果型变大，色泽更艳，口感变好，产量提高。经多年实践，栽培技术已经成熟，种植经验丰富，生产标准化程度高。主要品种"大金星""大五棱"。

荣誉称号：2007年第十一届中国廊坊农产品交易会名优农产品。2014年农业部认定为"万亩无公害山楂产地"。2014年第十八届中国（廊坊）农产品交易会银奖。2017年省级"一县一品·河北特色品牌"。

龙头企业：清河县马屯红果种植专业合作社，市级龙头企业，商标"只恋""只恋马屯"，联系人高俊英：13831936116。

（清河县农业局　吴保军）

第七章

特色干果

一、临城薄皮核桃

产品及区域公用品牌：中国·河北·临城薄皮核桃

产品特点：个大，皮薄，果面光滑，缝合线紧密。果仁口感香脆可口，菜果兼用。

核心产区：北纬37°20′～37°36′，东经114°02′～114°38′，鸭鸽营、李家韩和侯家韩等20多个村。现有面积26万亩，年产量近4万吨。2011年在国家工商总局注册地理证明商标。

历史传承：临城种植核桃历史悠久。薄皮核桃由"太行山上新愚公"李保国和河北绿岭果业有限公司合作，从引进品种"香玲"中系统选育而成，抗逆、抗病、耐旱，2005年定名，2012年通过河北省林木品种审定。2014年形成省工省力栽培技术体系，建立标准化栽培技术示范区。

荣誉称号：2005年被中国果蔬协会评为"中国优质薄皮核桃产业龙头县"，2006年省级"一县一业一园"农业科技示范县，2008年国家太行山星火产业带薄皮核桃示范基地，2016年河北省十佳农产品区域公用品牌，2017年"最受消费者喜爱的中国农产品区域公用品牌"和中国百强农产品区域公用品牌。

龙头企业：河北绿岭果业有限公司，商标"绿岭"，联系人张婷婷：15532929282。

（临城县农业局　王力）

二、涉县核桃

产品及区域公用品牌：中国·河北·涉县核桃

产品特点：种仁饱满，壳皮较薄，麻纹明显，缝合线微隆起，结合紧密，内隔不发达，取仁容易。风味浓香纯正。

核心产区：北纬36°17′～36°55′，东经113°26′～114°00′，全县17个乡镇308个村生产。常年产量2万吨，产值4亿元。 2005年获国家质检总局地理标志产品保护。

历史传承：据史料记载，核桃是涉县"三珍"之一，栽培历史已有2 000多年，现境内仍有百年以上核桃古树10万余株。是全国重点核桃产区之一。

荣誉称号：2004年被评为"中国核桃之乡"，入选2008年北京奥运会推荐果品；2003年河北省名牌产品，中国果蔬协会"中华名果"；2003年"宜维尔"牌核桃油通过ISO 9001质量体系认证和HACCP国际食品安全管理体系认证，中国棋院指定为专用食用油。

龙头企业：涉县三珍农产品贸易有限公司，联系人张河军：18630001393。邯郸市宜维尔食品有限公司，联系人郭松江：18031068510。河北女娲食品有限公司，联系人江志刚：13703103679。

（涉县农牧局　陈玉明）

三、平山绵核桃

产品及区域公用品牌：中国·河北·平山绵核桃

产品特点：皮薄、表面光滑、色泽好。出仁率和含油率高，富含赖氨酸、红叶素及多种微量元素。

核心产区：北纬38°09′～38°45′，东经113°31′～114°51′，基本覆盖平山全县各乡镇。目前种植近36万亩。2010年在国家工商总局注册地理证明商标。

历史传承：栽培历史悠久，分布广泛。蛟潭庄镇奶奶庙村现存一棵超过800年的古树，被誉为"千年核桃王"。近年来，全县发挥优势，做大做强绵核桃产业，通过山区开发、沟域经济和产业扶贫项目支持，扩大基地规模；总结推广成熟技术，提升产品质量，生产水平显著提高。

荣誉称号：2006年通过有机农产品认证，2008年农业部绿色食品

管理办公室和中国绿色食品发展中心认定为全国绿色食品原料（核桃）标准化生产基地。

　　龙头企业：平山县绿宝薄皮核桃专业合作社，商标"祥奥"，联系人霍海元：15176107201。河北红地根农业科技有限责任公司，商标"红地根"，联系人张红德：13393319916。

（平山县农牧局　梁中钦）

四、卢龙石门核桃

产品及区域公用品牌：中国·河北·卢龙石门核桃

产品特点：果大皮薄，易取仁。仁饱满，富含脂肪和蛋白质，风味香甜，果油兼用。

核心产区：北纬39°22′~40°08′，东经118°45′~119°20′，燕河营、刘田庄、石门、卢龙等乡镇。现有面积4.49万亩，总产800吨。2010年获国家质检总局地理标志产品保护。

历史传承：栽培历史千年以上，明末清初已成地方名产，有"石门核桃举世珍"之誉。清朝末年开始出口到日本、德国、英国、加拿大等20多个国家和地区，以优良品质获得"石门核桃"这一品牌，也是唯一能与美国"钻石核桃"相媲美的品牌产品。

　　荣誉称号：2006年河北省首届名优果品展评会"金奖"，2012年全国首届核桃大赛"金奖"，第十届和十一届中国（廊坊）农交会名优农产品，2015年和2016年京津冀果王争霸赛"金奖"。

　　龙头企业：秦皇岛市棋盘山绿色庄园生态发展有限公司，商标"卢龙石门核桃"，联系人徐生：15930599019。

（卢龙县林业局　王萍）

五、兴隆板栗

产品及区域公用品牌：中国·河北·兴隆板栗

产品特点：栗果艳丽，肉质细腻香甜，涩皮易剥离，总糖14%，淀粉17.51%。富含多种微量元素和氨基酸，每百克含维生素C 34.8毫克。可生食、炒食、煮食。

核心产区：北纬40°17′～40°40′，东经117°18′～118°15′，栽培面积53万亩，年产量12万吨。2013年在国家工商总局注册地理证明商标。

历史传承：始于战国时期，已有2 000多年历史。因较高的营养价值和医疗价值，而传承至今。在长期生产生活实践中，证明生食可治疗腰腿酸疼，有舒筋活络、驱寒止泻之效，倍受历代医家推崇。唐代孙思邈、明代李时珍等医学名家的著作中均有板栗药用价值的介绍。

荣誉称号：2001年国家林业局命名为"中国板栗之乡"，荣获中国（廊坊）北方农副产品暨农业技术交易会名优产品称号。

龙头企业：河北长城绿源食品有限公司，商标"长城绿源"，联系人徐宁：15028998808。承德金利食品有限公司，商标"栗利福"，联系人李国荣：13832477408。紫瑜珠板栗农民专业合作社，商标"紫瑜珠"，联系人李桂霞：15030538882。

（兴隆县农牧局　梁丽红）

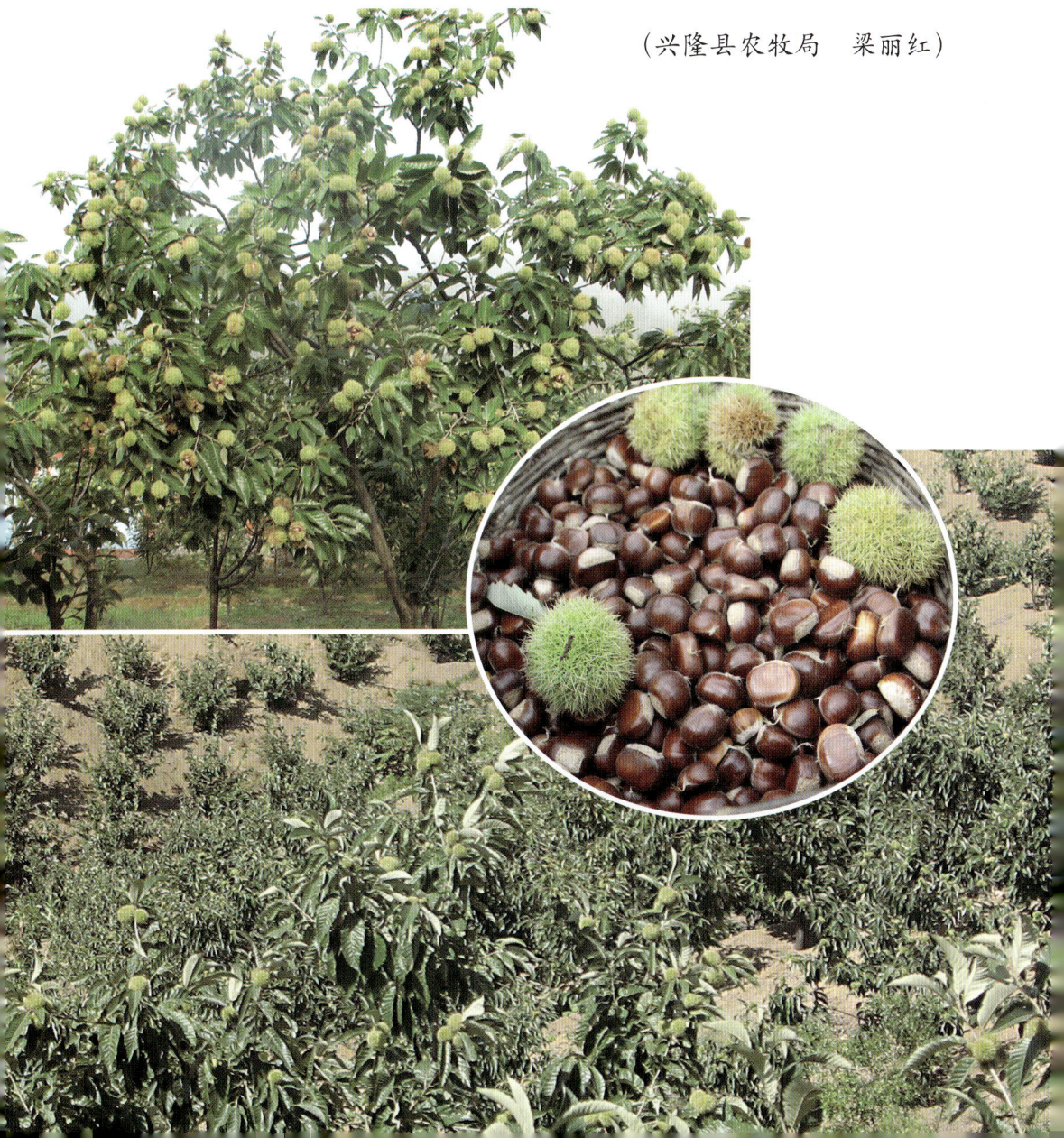

六、宽城板栗

产品及区域公用品牌：中国·河北·宽城板栗

产品特点：个头均匀，色泽光亮，果实内涩皮易剥离。生果断面平滑，入口香甜清脆，味道圆醇。

核心产区：北纬40°17′～40°45′，东经118°10′～119°10′，铧尖、大地、碾子峪、孛罗台、孟子岭、塌山、独石沟、峪耳崖、东川、亮甲台10个乡镇80多个村。现有55.4万亩，总产量4.3万吨。通过保鲜库及系列加工，能周年供应。2003年在国家工商总局注册地理证明商标。

历史传承：宽城地处古"北""燕"之地，《史记·货殖列传》载："燕，秦千树栗……此其人皆与千户侯等"。《苏秦传》载"南有碣石雁门之饶，北有枣栗之利，民虽不细作，而足于枣栗矣，此所谓天府也"。清康熙帝曾赞宽城板栗"天下美味也"。现百年以上板栗树达10万余

株，最老的已达700余年，至今依然枝繁叶茂，硕果累累，被专家誉为"中国板栗之王"。

荣誉称号：BRC、JAS有机食品等权威认证；2013年绿色板栗原材料标准化生产基地；2015年河北宽城传统板栗栽培系统入选中国重要农业文化遗产，并获全国优质农产品称号；2017年入选河北区域公用品牌。

龙头企业：承德神栗食品股份有限公司，商标"神栗shen li"，联系人刘新明：13932416396。

（宽城满族自治县农牧局　郭春梅　张文林）

七、蔚州杏扁

产品及区域公用品牌：蔚州杏扁

产品特点：品种龙王帽，每百克含蛋白质26.31克、脂肪47.5克、糖19.2克、磷462毫克、钾638毫克、钙98毫克、铁31.3毫克、钠26毫克、维生素C 12毫克、维生素E 18.1毫克。滋补佳品，可作为航空、航海及老弱病残的营养配餐。

核心产区：北纬39°33′～40°12′，东经114°12′～115°03′，常宁、黄梅、北水泉等乡镇。2017年保有面积25万亩，总产量6 200吨。2011年获国家质检总局地理标志产品保护。

历史传承：全国杏扁传统产区。始于20世纪70年代，到90年代形成规模。栽培品种龙王帽、优一、白玉扁等，主要在山地丘陵地仿野生

栽培，制定了生产规程，使用腐熟农家肥，雨养种植，生物农药防病虫。

荣誉称号：国家林业局命名为"仁用杏之乡"，国家果品流通协会评为"中国仁用杏基地重点县"。

龙头企业：蔚县慧山种植专业合作社，商标"慧山雪绒花"，联系人杨慧山：0313-7205098，13833331849。

（蔚县农牧局　赵帅）

九、行唐大枣

产品及区域公用品牌：中国·河北·行唐大枣

产品特点：个大、皮薄、肉厚、核小、色鲜、味甘。

核心产区：北纬38°20′34″～38°42′39″，东经114°09′56″～114°41′52″，太行山中部东麓，浅山丘陵区与华北平原交接带。种植面积60万亩，其中30万亩通过无公害环评认证，常年产量8万吨。干品可常年供应。2011年在国家工商总局注册地理证明商标。

历史传承：栽培历史可追溯到春秋战国时期。《战国策》载：北（指古燕地）有"枣栗之利，民虽不由天作，枣栗之实足食于民"。行唐枣乡广泛流传着许由植枣拒尧禅、乐羊挥鞭称神树、云蒙佳酿结良缘、枣神娘娘女英等故事，许由和女英也一直被当地人民推崇为圣贤和枣神。

荣誉称号： 先后获深圳鹏城杯金奖，昆明世博会金奖，乐陵全国红枣交易会金奖，西安首届枣评会金奖。

龙头企业： 行唐县万果红酒业有限公司，商标"万果红"，联系人张增亮：82685968。行唐县几丁质红枣专业合作社，商标"壳素红""山贡八红"，联系人卢彦鸽：15632380515。

（行唐县农林畜牧局农业生产科）

十、赞皇大枣

产品及区域公用品牌：中国·河北·赞皇大枣

产品特点：鲜枣每千克70个左右，含糖20%～30%。干枣皮薄、肉厚、核小，含糖60%～70%，掰开轻拉可见金黄细丝。

核心产区：北纬37°26′～37°46′，东经114°02′～114°31′，山地、沙地均有种植，垂直分布在海拔62.8～800米之间。全县种植45万亩。品种已被新疆、甘肃、宁夏、陕西等地引种，适应性较强，耐瘠、耐旱，坐果稳定，产量较高，果质优良。2009年在国家工商总局注册地理证明商标。

历史传承：现今发现的唯一三倍体大枣栽培种。清末民初，全县

干枣产量稳定在750吨左右，1949年曾达1 756吨。1967年为1 320吨。1982年定枣树为赞皇的"县树"，通过发动群众嫁接野生酸枣和栽种嫁接苗等方式，开展枣园建设。到1987年，产量达到2 245吨。目前仍不断扩大。

荣誉称号：1999中国国际农业博览会名牌产品，2000年中国经济林协会和乐陵全国红枣交易会金奖，2002年中国经济林协会"中国名优果品"称号，2001年国家林业局命名为"中国赞皇大枣之乡"。

龙头企业：河北九维生物科技开发有限公司，商标"百岁桥""金相府"，联系人候彦国：15932010529。河北枣能元食品有限公司，商标"枣能"，联系人肖建利：13582029300。

（赞皇县农业畜牧局　郝俊丽）

十二、唐县大枣

产品及区域公用品牌：唐县大枣

产品特点：果色红艳，个大核小，皮薄肉厚，含糖量高。枣之上品，久负盛名。

核心产区：北纬38°38′～39°10′，东经114°28′～115°03′，羊角、石门、军城、大洋、北店头等18个乡镇140个村，种植17.4万亩，产量20 860吨，专业批发市场20个，专卖店60个。2010年获国家质检总局地理标志产品保护。

历史传承：栽培历史已有4 000多年。1668年清康熙皇帝亲定为皇宫贡枣。中华人民共和国成立以来，加强科技研发和技术集成，形成《唐县大枣质量技术规程》和《唐县大枣质量技术要求》省级地方标准，生产水平和质量水平明显提升。除干枣以外，还开发蜜枣、贡枣、枣罐头、枣果冻、香酥枣、枣干、枣夹核桃和枣酒等产品。

荣誉称号：2009年评为"中国大枣之乡"，2014年第十八届中国

（廊坊）农产品交易会金奖，2016年第十届河北品牌节"一县一品 河北特色品牌"，"山丹""黄金峪""唐尧"等品牌产品多次获国家和省名优果品金奖。

龙头企业：唐县天农果品农民专业合作社，联系人苑金岭：15176316226。青山农林开发有限公司，联系人李翠仙：15982398040。

十三、大城金丝小枣

产品及区域公用品牌：中国·河北·大城金丝小枣

产品特点：鲜果平均果重30克，最大80克，卵圆形。鲜食酥脆，香甜味浓。干枣肉厚，掰开可拉出金丝。

核心产区：北纬38°28′19″～38°52′01″，东经116°21′36″～116°46′15″，里坦、权村、留各庄等8个乡镇40多个村街，现有20.4万亩枣林，年产干枣3.8万吨。2013年在国家工商总局注册地理证明商标。

历史传承：据传栽培始于商周，兴于明清。近年来，为推动"小枣之乡"建设，多次聘请省、市林业专家，采取"科农联姻"、现场培训等有效形式，推广先进技术。成立县林果业联合会，目前拥有会员2 000多人，引导农民走优质果品生产之路。

荣誉称号：2009年无公害产品。全国供销社系统"千社千品"富农工程，廊坊市龙头企业。2011年河北省优质产品。

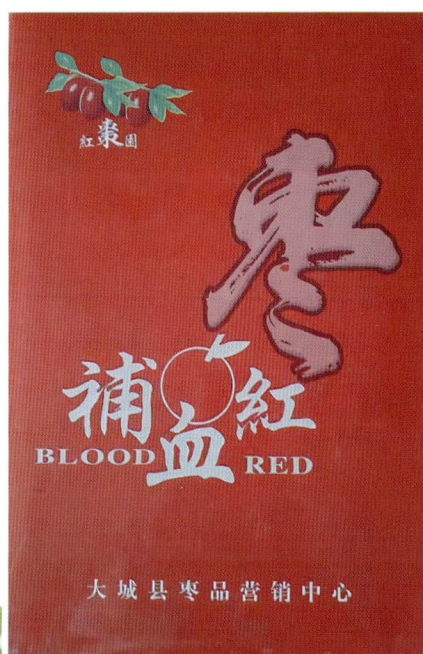

龙头企业：大城县惠农枣业农民专业合作社，商标"枣馥"，联系人马井刚：15100609917。大城县绿果家庭农场，商标"绿果"，联系人刘焕贞：13131626378。

（大城县农业局　杨丽）

十四、沧州金丝小枣

产品及区域公用品牌：沧州金丝小枣

产品特点：干果皮薄，色深红，核小，味甘甜，剥开时可见金黄丝，故称金丝小枣。鲜枣可溶性固形物含量34%～38%，每百克含维生素C 560毫克，可食率96%，制干率56.5%。

核心产区：北纬37°52′48″～38°34′24″，东经116°07′12″～117°13′12″，沧县、献县等8个县（市）。现有基地126万亩，年产量45万吨。鲜食、制干和加工小枣周年供应。2009年在国家工商总局注册地理证明商标。

历史传承：有 3 000 多年的栽培历史。独特的土壤气候条件、良好的种质资源以及丰富的栽培管理经验和技术，造就了沧州金丝小枣的独特的外观和内在品质。栽培技术不断演化发展，已由过去枣粮间作逐步演变为密植枣园。近年来大力推广标准化生产，沧县、献县和盐山县成为国家标准化生产示范区。

荣誉称号：2009 年中国果品流通协会授予沧州市"中国枣都"称号。

龙头企业：河北沛然世纪生物食品有限公司，商标"沛然"，联系人苗笑阳：13393388999。献县沧华园食品有限公司，商标"沧华园"，联系人芮明：13831780292。

（沧州市林业局　王仁怀）

十六、涉县花椒

产品及区域公用品牌：中国·河北·涉县花椒

产品特点："大红袍"粒大、皮厚，表面疣状腺点粗大，麻香烈，味长；"小红椒"粒小，麻香味浓郁。

核心产区：北纬36°17′～36°55′，东经113°26′～114°00′，全县17个乡镇308个村种植，以梯田堰边为主。年产量3 500吨，产值2亿元。2005年获国家质检总局地理标志产品保护。

历史传承：涉县是花椒集中产区，作为木本油料树种，种植历史悠久，可追溯到14世纪后期，黄金椒、白沙椒栽培历史更长。素以产量高、品质好著称，享有"涉县花椒十里香"的美名。

荣誉称号：2007年河北省调味品协会冠名"河北省花椒调味品之

乡”，2007年中华全国供销合作总社确定为“太行山区花椒标准化示范基地”，2008年中国经济林协会命名“中国花椒之乡”，2010年评为中国调味品原辅料（花椒）种植基地。

龙头企业：涉县王金庄花椒专业社，联系人兰保廷：13903204402。涉县三珍农产品贸易有限公司，联系人张河军：18630001393。涉县龙兴花椒调味品有限公司，联系人樊立新：13703103476。

（涉县农牧局　陈玉明）

第八章

特色中药材

一、安国祁紫菀

产品及区域公用品牌：安国祁紫菀

产品特点：根茎不规则，长2～5厘米，粗1～3厘米，皮紫红色或灰红色。细根多，紫红或灰红色，纵皱纹，长6～15厘米，粗1～3厘米，断面较平，显油性，多编成辫，质较柔易断，断面淡棕色，边缘一圈紫红色，中央有细小木心。气香味甜。

核心产区：北纬38°29′～38°35′，东经115°10′～115°29′，伍仁桥乡奉伯村，明官店乡霍庄村，西城乡东街村。2017年种植600亩，总产量240吨。列入国家药典的道地药材。2013年获农业部农产品地理标志登记。

历史传承：《中药志》载：紫菀主产于河北安国，质佳。《神农本草经》列为中品。别名紫菀、小辫儿、夹板菜、驴耳朵菜、软紫菀。现阶段执行严于GB/T19630.1—2005的生产标准。

荣誉称号：道地中药材"八大祁药"之一。

龙头企业：安国市玉涛紫菀农民专业合作社：13513423928。安国市中药材标准化生产协会：13930806538。安国市吉瑞麻山药农民专业合作社：18731295888。

（供稿人：张国军　张新军）

二、巨鹿金银花

产品及区域公用品牌：中国·河北·巨鹿金银花

产品特点：小型乔木，花蕾大，年产3～4茬花蕾。花蕾绿原酸含量≥4%，超国家标准1.5%；木犀草苷含量≥0.1%。

核心产区：北纬37°07′18″～37°25′32″，东经114°50′14″～115°12′50″，巨鹿镇、堤村乡、张王疃乡110多个村。2017年种植6.6万亩，总产量9 900吨。2009年在国家工商总局注册地理证明商标。

历史传承：清光绪《巨鹿县志》载，金银花为药类种植之首，自明代就有栽培，迄今已有400多年历史。经多年选育而成的"巨花1号"，改匍匐型小灌木为直立型小乔木，耐旱性强，产量高，便于摘花。

荣誉称号：2004年河北省农业厅命名为"河北金银花之乡"，2010年科技部命名为"国家级中药材基地县"，2011年被命名为"中国金银

花之乡"。

　　龙头企业：巨鹿县三丰银杞饮品有限公司，商标"银杞"，联系人王立军：13785961786。堤村集杨培武加工厂：13780392314。河北达之康中药材有限公司，联系人路怀猛：13503190059。

（巨鹿县林业局　王国标）

三、巨鹿枸杞

产品及区域公用品牌：中国·河北·巨鹿枸杞

产品特点：果个大、色鲜艳、肉丰厚，干品含蛋白质13%～21%，糖22%～52%，脂肪酸8%～14%，甜菜碱0.091 2%，富含胡萝卜素、维生素B_1、维生素B_2、维生素B_{12}等。

核心产区：北纬37°07′18″～37°18′32″，东经114°50′14″～115°12′50″，巨鹿镇、堤村乡、王虎寨镇100多个村。2017年种植5.9万亩，总产量近1.2万吨。面积和产量占全国的1/4，是全国枸杞集散中心之一。2010年在国家工商总局注册地理证明商标。

历史传承：栽培已有30多年历史，拥有成熟而系统的栽培管理技术。品种"01血杞"为引进品种，适应性强，产量高，耐贮存。已引入标准化理念。

荣誉称号：河北枸杞之乡。

龙头企业：巨鹿县三丰银杞饮品有限公司，商标"银杞"，联系人王立军：13785961786。河北达之康中药材有限公司，联系人路怀猛：13503190059。

（巨鹿县林业局　王国标）

四、涉县连翘

产品及区域公用品牌：中国·河北·涉县连翘

产品特点：青翘狭卵形至卵形，表面青绿色或绿褐色。老翘多裂为两瓣，气芳香，味苦。连翘苷0.38%，高于《中国药典》规定。

核心产区：北纬36°17′～36°55′，东经113°26′～114°00′，全县17个乡镇308个村生产。2017年面积约10万亩，常年供应野生及种植连翘6 000余吨。2016年获国家质检总局地理标志产品保护。

历史传承：黄岩村民自发栽培连翘历史已久，但全县规模种植连翘始于20世纪80年代。固新镇黄花山连翘聚集。人工种植多采用仿野生栽培，

品质上乘。

荣誉称号：2016 年河北省首届中药材产业发展大会评为"河北省十大道地药材"，2017 年以岭连翘现代园区被首届京津冀中药材产业发展大会评为"河北省十大中药材现代园区"。

龙头企业：涉县以岭燕赵中药材有限公司，联系人宗建新：18232016056。河北兴科农业科技开发有限公司，商标"涉翘""黄花山"，联系人路美章：13703109589。涉县天地网中药材有限公司，联系人程军良：18631022666。

（涉县农牧局　陈玉明）

五、涉县柴胡

产品及区域公用品牌：中国·河北·涉县柴胡

产品特点：根圆柱或长圆锥形，皮黑褐或浅棕色，质硬而韧。断面显纤维性，木部黄白色。气微香，味微苦。皂苷a和d总量≥0.34%。

核心产区：北纬36°17′～36°55′，东经113°26′～114°00′，全县17个乡镇308个村。2017年种植8万亩，总产量3 200吨，产值1.9亿元。2014年获农业部农产品地理标志登记。2016年获国家质检总局地理标志产品保护。

历史传承：涉县是柴胡道地产区，是历史著名"津柴胡"的原产地。据明嘉靖37年（1558年）《涉县志》记载，柴胡、荆芥等8种中药材当时就是涉县特产。抗日战争时期，八路军一二九师卫生工作者利用当地柴胡资源，研制成功"柴胡注射液"，挽救了无数抗日军民的生命，

柴胡之王（涉县偏城镇南艾铺）

为民族解放事业做出了贡献。

荣誉称号：2016年河北省首届中药材产业发展大会评为河北省十大道地药材；2017年京津冀首届中药材产业大会上，"河北兴科柴胡现代园区"被评为"河北省十大道地中药材现代园区"。

龙头企业：河北兴科农业科技开发有限公司，商标"涉柴"，联系人路美章：13703109589。邯郸太行山中药材基地科技有限公司，联系人王全庭：13283415199。涉县天地网中药材有限公司，联系人程军良：18631022666。

（涉县农牧局　陈玉明）

六、燕山北苍术

产品及区域公用品牌：中国·河北·燕山北苍术

产品特点：朱砂点密，香气浓郁。每百克含苍术素≥6克，挥发油≥0.1克。

核心产区：北纬39°57′~40°08′，东经118°28′~119°32′，燕山山脉东麓的青龙县境内，青龙、干沟、木头凳、三星口、凤凰山、龙王庙、八道河、娄丈子和大石岭等16个乡镇均有生产。2017年种植0.5万亩，总产量1 875吨。2017年在国家工商总局注册地理证明商标。

历史传承：青龙县是北苍术道地产区，史书记载，青龙北苍术"朱砂点密，香气浓郁"，药材之上品。2014年以来，青龙县北苍术种植面积迅速扩大，六道河中药材种植专业合作社建成500亩良种繁育基地，是全国最大北苍术良种繁育基地。

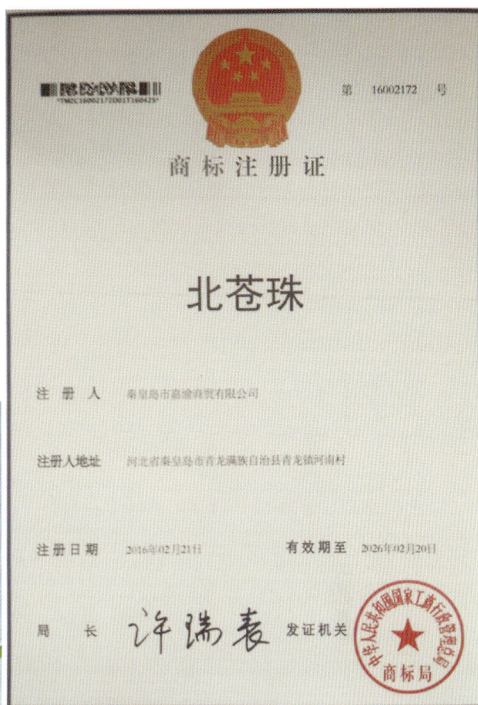

　　荣誉称号：“燕山北苍术”是青龙特色中药材品种。

　　龙头企业：秦皇岛市同盛医药有限公司，商标“北苍珠”，联系人程立志：18712729998。秦皇岛满药本草药业股份有限公司，商标“关北”，联系人于治国：13930313838。

（青龙县农牧局　许艳梅）

七、灵寿丹参

产品及区域公用品牌：灵寿丹参

产品特点：根条长圆柱形，红棕色，具纵皱纹，长15～25厘米，粗0.5～1.5厘米；质硬而脆，断面较平整。丹参酮ⅡA含量≥0.22%，丹参酚酸B≥6%，均优于国家《药典》标准。

核心产区：北纬38°19′～38°45′，东经113°50′～114°30′，灵寿段慈河两岸和丘陵山区，南营、寨头、陈庄、岔头、谭庄、燕川、慈峪、塔上、青同、南寨、北洼11个乡镇。2016年种植2.2万亩，总产量6 600吨。2016年在国家工商总局注册地理证明商标。

历史传承：县政协文史资料记载：被奉为"药王"的东汉灵寿侯邳彤，能征善战，精通医术，发现当地红根丹参质优，配以佐使，疗伤治病，救兵民于水火。灵寿丹参也因此跻身上品，入《神农本草经》。灵寿至今仍以邳彤忌日为庙会，建庙祭祀。近年来，加强产地保护和技

术传承，推行标准化生产，产品质量显著提高。

荣誉称号：第十四届中国（廊坊）农交会金奖，河北省第八届农业引智精品推介会金奖，河北省第九届特色农业精品展销会金奖，2016年被认定为"河北省著名商标"。

龙头企业：灵寿县邳彤中药材专业合作社，商标"灵寿丹参"，联系人武建羽：15032643515。

（灵寿县中药材协会 武会来）

八、蠡县麻山药

产品及区域公用品牌：蠡县麻山药

产品特点：嘴短，毛少，皮白，块茎匀称。口感香甜细嫩、温润爽口，淡淡麻感，粗纤维少。出干率高，耐贮存。

核心产地：北纬38°21′～38°41′，东经115°20′～115°51′，大曲堤、留史、鲍墟、南庄、蠡吾、大百尺和郭丹镇较多。2017年全县种植8万亩，总产量近2.4万吨，产值达12亿元。露地生产，通过仓储，基本能周年供应。2005年获国家质检总局地理标志产品保护。

历史传承：蠡县麻山药自古广栽盛产，留有"商贾范蠡驻留史，红颜西施品山药""湖村柏氏憔悴女，山药养颜入宫来""乾隆南巡过蠡吾，对诗山药纪晓岚"等传说。小白嘴、棒药、紫药均为传统品种。1997年后大面积种植。目前已推行标准化生产。

荣誉称号：2011年中欧"10+10"地理标志互认互保产品，2002年

"河北山药之乡"，2003年中国优质农产品协会命名为"中国山药之乡"，连获三届廊坊农交会"名优农产品"。

　　龙头企业：蠡县小中麻山药专业合作社，商标"宜民康"，联系人杨小中：15832265488。河北百丰农产品有限公司，商标"百丰"，联系人马小学：13832238888。

（蠡县农业局　齐红茹）

九、安平白山药

产品及区域公用品牌：中国·河北·安平白山药

产品特点：皮薄肉厚，口感细腻软糯，味道甘甜。

核心产区：北纬38°19′～38°29′，东经115°41′～115°59′，马店、大何庄、程油子等乡镇，常年种植2万亩以上，总产量4万吨。2018年在国家工商总局注册地理证明商标。

历史传承：种植历史悠久。清代末年，当地农民曾把白山药当作时令蔬菜，每家每户种上一两畦或四五畦，收获后在农村集市出售，或当作滋身健体补品赠送亲朋好友，因面积较小总产量少而成为稀罕珍品。中华人民共和国成立后，特别是改革开放以来，农民有了生产经营

自主权，开始在大田规模种植，逐渐成为一大产业。

荣誉称号：2018年注册地理证明商标。

龙头企业：安平县元龙农产品种植专业合作社，联系人邱书汉：13831870235。安平县顺天祥生态农业发展有限公司，联系人乔跃兵：13333089688。

（安平县农林局　乔海东）

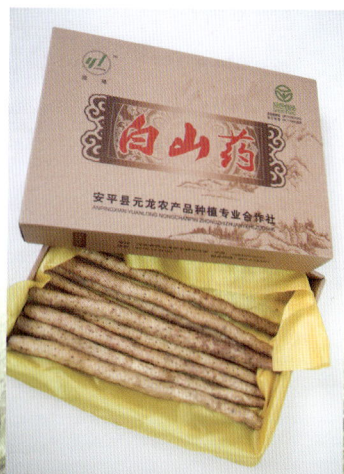

十、柏乡汉牡丹

产品及区域公用品牌：柏乡汉牡丹

产品特点：　汉牡丹同株异花，单株花数十朵，单瓣重瓣兼有，花大如盘，生长地固定，不宜移栽。油用牡丹籽油不饱和脂肪酸≥92%，其中α-亚麻酸≥42%，有抗衰老、降血压、降血糖功效。

核心产区：　汉牡丹位于北纬37°31′～37°32′，东经114°42′～114°44′的北郝村，4月20日至5月10日为花期。油用牡丹产于龙华镇、内步乡和王家庄乡，面积2万亩，可产油54吨，全年供应。2016年在国家工商总局注册地理证明商标。

历史传承："汉牡丹"植于秦汉年间的弥陀寺，由僧人看护。相传西汉末年，刘秀曾在此避难，此牡丹而得"汉牡丹"之名。中华人民共和国成立后，此地开办学校，由师生看护。1983年学校迁移，原址建立

县文物保管所和牡丹园。2012年成立县汉牡丹文化产业发展管理中心，一方面，聘请专业农艺师进行栽培养护管理和保护；一方面，引入油用牡丹，培育新产业。

荣誉称号："汉牡丹传说"2009年入选省非物质文化遗产，2012年"中国牡丹文化之乡"和"中国牡丹文化研究基地"，2015年中国秦汉史研究会授予"东汉历史文化研究基地"。

龙头企业：柏乡县汉牡丹花卉开发有限责任公司，联系人贾淑芬：0319-7796393。河北圣丹农业科技开发有限公司，联系人张运町：0319-7777719。

（柏乡县农业局　董亚亚）

第九章

特色畜禽产品

一、阳原驴

产品及区域公用品牌：中国·河北·阳原驴

产品特点：体型匀称高大，食量少，耐粗饲，疾病少，适应性强。3～4个月即可断奶，两岁半性成熟，繁殖年限可达20岁，母驴一生可产驹5～8头。净肉率可达42.5%，肉质细嫩，味道鲜美，适合作肉驴养殖，可用于优质骡亲本。

核心产区：北纬39°53′～40°22′，东经113°54′～114°48′，黄土高原、内蒙古高原与华北平原过渡地带，养殖区为两山夹一川的狭长盆地。2016年在国家工商总局注册地理证明商标。

历史传承：县志载，养驴历史可追溯到两汉时期，北魏初进入饲养鼎盛期，此后各历史时期都有发展。20世纪60年代，阳原曾为国家的军骡繁殖基地，省政府在此召开养驴现场会。1982年存栏达3万多头。

张家口旺地牧业有限公司

已在规范化饲养、防疫灭病、繁育管理等方面探索出新的道路。

荣誉称号：全国优良品种之一，入选《中国畜禽遗传资源目录》。

龙头企业：张家口旺地牧业有限公司，联系人郝挺美：15133363803。

（阳原县农牧局　贺小峰）

二、隆化肉牛

产品及区域公用品牌：中国·河北·隆化肉牛

产品特点：耐粗饲、生长快、繁殖性能好、四肢健壮。肉质鲜美、氨基酸含量高。

核心产区：北纬41°08′50″～41°50′10″，东经116°47′45″～118°19′10″。2017年全县饲养量47.2万头，存栏27.2万头，能繁母牛13.8万头；千头以上规模养殖场26个，百头以上规模养牛场455个，省部级示范场8个。2016年在国家工商总局注册地理证明商标。

历史传承：隆化县1978年被列为全国商品牛生产基地。1998—2012年间三次被列为国家级秸秆养牛示范县，跻身全国肉牛生产强县。2012年河北省农业厅确定为肉牛标准化生产示范区。

荣誉称号：2017年最受消费者喜爱的中国农产品区域公用品牌，同年，中国特产之乡推荐评审活动组委会授予"中国肉牛之乡"荣誉称号。

上脑

里脊

外脊

牛尾

龙头企业：承德北戎生态农业有限公司，商标"北戎"，联系人胡新杰：15076377876。隆化县子泽畜牧繁育有限公司，商标"子泽"，联系人赵子泽：13803142730。隆化县凤林养殖有限公司，商标"凤林"，联系人刘凤林：1383240092。

（隆化县农牧局　王永海）

三、大厂肥牛

产品及区域公用品牌：大厂肥牛

产品特点：按伊斯兰教文化习惯屠宰、分割，经先进加工工艺处理。肉质口感肥而不腻，瘦而不柴，味道鲜美。

核心产区：北纬39°49′17″～39°58′56″，东经116°48′20″～117°03′55″，大厂回族自治县的大厂、祁各庄、夏垫、陈府和邵府5个乡镇。年屠宰量120万头左右。2010年获国家质检总局地理标志产品保护。

历史传承：大厂回族自治县原是皇家牧场，回族聚居此地已有500多年，历史上就是华北地区牛羊集散地，当地回族群众善于饲养经营牛羊。1987年在政府扶持下，中德合资的现代化大型屠宰加工企业落户本县，带来德国成熟设备和工艺，保留伊斯兰文化。已形成河北省地方标准。

龙头企业：福华肉类有限公司，0316-8828888。鑫诚肉类有限公司，

0316-8820358。福顺肉类有限公司，0316-8823094。万福肉类有限公司，0316-8962777。跃华肉类有限公司，0316-8364888。四星肉类有限公司，0316-8980222。

（大厂回族自治县畜牧兽医局）

四、正定马家卤鸡

产品及区域公用品牌：中国·河北·正定马家卤鸡

产品特点：原料为一年龄以上散养柴鸡，百年老汤添加丁香等新料卤煮而成。成品琵琶状，黄里透红，颜色鲜亮；油香扑鼻，清爽持久；味道纯厚，鲜嫩可口。

核心产区：正定城内石家庄马氏中发食品有限公司独家生产。现有加工车间8 770平方米和年产600吨生产线。产品畅销京、津、冀、沪、豫、晋、宁等地。在石家庄、保定、新乐、灵寿、平山、藁城、行唐、赵县等县（市）均有连锁店销售。2017年获国家质检总局地理标志产品保护。

历史传承：已有近150年历史。1869年，第一代传人马洛发因避战乱，由河北安国携百年老汤至正定，开设马家老鸡店。1901年12月，慈禧、光绪西逃返京途中曾驻跸正定，对"正定马家卤鸡"赞不绝口，一

度成为贡品，名声大振。

　　荣誉称号：　2007年入选河北省非物质文化遗产，2010年获"中华老字号"和"诚信老字号"，2015年延续认定为"河北省著名商标"，2014年获"石家庄特色旅游商品"荣誉证书，市级荣誉称号多项。

　　龙头企业：石家庄马氏中发食品有限公司，联系人马学中：13903398549。

（石家庄马氏中发食品有限公司　马学中）

五、清河羊绒

产品及区域公共品牌：清河羊绒

产品特点：纤细柔软，滑糯轻盈，光泽柔和，弹力强，有"纤维钻石""软黄金"之美誉。分梳纯度99.8%，纤维长度损伤率10%±1%，含粗率<0.01%，含杂率<0.01%，短绒率<0.7%。

核心产区：北纬36°50′～37°10′，东经115°30′～115°50′，全县粗纺生产线140条，精纺、半精纺5万锭，电脑针织横机4 000余台，规模企业180多家，其中29家跻身"中国羊绒行业百强"。年加工经销山羊绒0.5万吨、绵羊绒5万吨。2014年在国家工商总局注册地理证明商标。

历史传承：20世纪70年代起步，从无到有、从小到大，历经40年淬炼锻造，形成原绒采购、分梳、纺纱、织布到制衣的特色产业链，有"世界羊绒看中国，中国羊绒看清河"之说。中国驰名商标2件，中国服装成长型品牌43件，省著名商标10件。全国最大羊绒加工集散地和羊绒纺纱基地，建有全国最大的羊绒制品市场。拥有的5万多家基地网店年销售额达50亿元。宇腾公司有机牧场通过CU（Control Union）有

机认证，无化学用品和转基因产品参与下，以美国和欧盟有机农业标准养殖阿尔巴斯绒羊，成为引领羊绒行业发展的新标杆。

　　荣誉称号：中国羊绒之都；中国羊绒纺织名城；全国首批产业集群区域品牌建设试点地区；国家电子商务示范基地，国家级电子商务进农村综合示范县，中国电子商务百佳县；省级重点扶持的超百亿元县域经济特色产业集群。

　　龙头企业：河北宇腾羊绒制品有限公司，商标"YUTENG宇腾"，联系电话：0319-6751818。

（清河县农业局　吴保军）

六、肃宁裘皮

产品及区域公用品牌：肃宁裘皮

产品特点：轻柔、色艳、舒适，耐洗耐用。

核心产区：北纬38°16′～38°32′，东经115°42′～116°02′，尚村、肃宁、师素、付佐和邵庄五乡镇的近百个村，从业人员近5万。产业链完整，珍稀毛皮动物标准化规模养殖园区25家，年出栏200万只；加工企业316家，其中规模以上企业31家，超亿元企业5家。产品销往30多个国家和地区，2016年产值110亿元。华斯、金恩、天龙、肃昂、博丹等龙头企业年产值均超亿元。2014年获国家质检总局地理标志产品保护。

历史传承：肃宁皮毛加工历史可上溯到明末清初，距今已有300多年，闻名中外。尚村镇享有"皮毛之乡"美誉。

荣誉称号：2005年中国轻工业联合会和中国皮革协会命名为"中国裘皮之都"，肃宁毛皮产业聚集区为省级重点产业聚集区，尚村皮毛

肃宁裘皮

肃宁是享誉全球的中国裘皮之都，在独特的地理条件下用特殊工艺制作的"肃宁裘皮"（貂皮、狐狸皮、貉皮）具有轻柔美观、华丽高贵、色泽艳丽、舒适保暖、无灰无异味、穿着大方等特点，堪称"裘皮黄金"。

肃宁裘皮质地优良、款式多样、色彩缤纷、制作精良，深受国内外消费者青睐，意大利著名裘皮服装设计师马蒂尼来到肃宁实地考察后，脱口称赞：「肃宁才是真正的毛皮之乡。」

产品概况
产品名称：肃宁裘皮
国家公告号：国家质量监督检验检疫总局2015年第24号
保护范围：河北省肃宁县现辖行政区域

市场为"省级示范市场"，裘皮商城为国家3A级旅游景区。

龙头企业：华斯控股股份有限公司，商标"怡嘉琪"，联系人李晶：18031912999。河北金恩生物科技股份有限公司，商标"葆比亚"，联系人黄同九：13785727800。

（肃宁县农业局　齐志远，华斯控股股份有限公司　李晶）

第十章

特色水产品

一、丰南黑沿子毛蚶

产品及区域公用品牌：丰南黑沿子毛蚶

产品特点：双壳膨凸，壳面白色，覆生褐色绒毛表皮。肉质肥嫩，色泽赤红。蛋白质15.8%，脂肪1.28%，每百克含钾338毫克、钠178毫克、氨基酸总量11.6克。

核心产区：北纬39°05′03″～39°13′40″，东经118°00′32″～118°11′25″，丰南区沿海一带。总面积14 781公顷。捕捞时间为1～5月及9～12月。2015年获农业部农产品地理标志登记。

历史传承：黑沿子毛蚶，是大自然赐予丰南沿海一带的特色水产品和历史特产。生产区为河口型地貌，淤泥质，潮汐半日潮，一日两潮，水质溶氧和含盐适度，适合毛蚶生长。

产品荣誉称号：2012年被农业部认定为无公害农产品。

龙头企业：唐山市丰南区金旺水产良种场，联系人马云力：

13831510943。唐山市丰南区振海渔业专业合作社，联系人赵光环：
13784095505。

（丰南农牧局水产科　张珏）

二、玉田甲鱼

产品及区域公用品牌：中国·河北·玉田甲鱼

产品特点：背部黄绿色，腹部泛黄，脂肪黄色，肉质细嫩，味道鲜香。

核心产区：北纬39°53′01″～39°57′06″，东经117°30′37″～117°53′00″，大安、孤树、彩亭桥、玉田、林头屯等乡镇的22个村。2017年养殖106公顷，产量360吨。日光温室养殖，全年供应。2017年获农业部农产品地理标志登记。

历史传承：亲本选自玉田本地黄河品系中华鳖，具有"黄底黄背黄脂肪"的优良性状。1992年试养成功后，逐渐发展壮大，技术上攻克

了人工繁殖、饲养和配合饲料等难关。近年来，通过推广养殖新理念，基本普及无公害标准化养殖，多家养殖企业获得无公害产品产地认证。

荣誉称号：2017年"蓝泉河"牌甲鱼获得河北省名牌商品。

龙头企业：鑫龙养殖专业合作社，商标"蓝泉河"，联系人宋学飞：13933338618。玉田县双龙甲鱼养殖有限公司，为河北省中华鳖良种场，联系人宋怀俊：13832507595。

（玉田县农牧局 王凤玖）

三、曹妃甸河鲀鱼

产品及区域公用品牌：中国·河北·曹妃甸河鲀鱼

产品特点：体浑圆，腹部能膨胀。肉质洁白如玉，晶莹剔透，肉嫩细腻，味鲜绵厚。可涮、红烧、刺身、煲汤等。

核心产区：北纬39°07′52″～39°14′13″，东经118°26′43″～118°41′55″，曹妃甸沿海区域。2017年养殖1.4万亩，年产量950吨，可全年供应。2015年在国家工商总局注册地理证明商标。

历史传承：人工养殖始于20世纪90年代。1992年率先突破人工育苗技术，并推广池塘养殖。2004年后开始大面积虾鲀生态混养。2015年开展工厂化车间一年养成养殖模式。

荣誉称号：1995年绿色食品认证，2001年中国国际农业博览会名牌产品，2008年河北省出口河鲀鱼质量安全标准化生产示范县，2017年获最受消费者喜爱的中国农产品区域公用品牌。

　　龙头企业：唐山曹妃甸区天正水产养殖有限公司，商标"天正"，联系人马新辉：18633375775。唐山市曹妃甸区建业农副产品加工厂，商标"唐曹建业"，联系人孙建业：13785530792。唐山市曹妃甸区祥盛水产养殖场，商标"曹妃祥盛"，联系人杨胜禄：13703346886。

（唐山市曹妃甸区农林畜牧水产局　王广宇）

四、黄骅梭子蟹

产品及区域公用品牌：黄骅梭子蟹

产品特点：蟹肉肥厚洁白，质细嫩，膏似凝脂，味微甜。蟹黄色艳味香。

核心产区：北纬38°00′～39°00′，东经117°30′～119°30′，是黄骅梭子蟹的索饵场、产卵场和越冬场，主要产地在渤海湾黄骅水域。2017年获农业部农产品地理标志登记。

历史传承：黄骅沿海养殖历史超过30年，并形成地方特色产业。为顺应产业发展趋势，提高品牌知名度，目前"黄骅梭子蟹"依托黄骅海水原良种繁育中心，建成国家级良种厂，推动产业化发展。

荣誉称号："石榴黄"牌三疣梭子蟹获2015年河北省"一县一品"称号。

　　龙头企业：黄骅海水原良种场繁育中心，商标"石榴黄"，联系人姬新东：13513273896。

（黄骅市水产局　韩金成）

附　录

附录1 未收入本书的河北省区域公用品牌农产品名录

南宫大枣，高碑店黄桃，白洋淀荷叶茶，白洋淀鸭蛋，白洋淀咸鸭蛋，白洋淀皮蛋，祁山药，祁菊花，涞水麻核桃，滦南大米，曹妃甸湿地蟹，京东板栗，霸州胜芳蟹。

附录2 河北省域内重要农业文化遗产名录

一、入选全球重要农业文化遗产项目

宣化城市传统葡萄园

二、入选中国重要农业文化遗产项目

河北宣化传统葡萄园
河北宽城传统板栗栽培系统
河北涉县旱作梯田系统
河北迁西板栗复合栽培系统
河北兴隆传统山楂栽培系统

附录3　河北省特色优势农产品分布图

特色粮油和薯类

围场马铃薯

张北马铃薯
崇礼蚕豆
万全鲜食玉米
张家口

丰宁黄旗小米

承德

北京

蔚州贡米

丰南胭脂稻
滦县花生
卢龙粉丝
秦皇岛
唐山
滦南大米
曹妃甸大米
曹妃甸胭脂稻

滦源小米
易县甘薯
廊坊
天津

保定
安杂粮

渤海

沧州

石家庄
藁城宫面

衡水

柏乡汉牡丹
隆尧强筋麦
邢台
南和小米
馆陶黑小麦
武安小米
曲周小米
邯郸
邯郸黄粱梦小米
大名花生

已注册地理标志的特色农产品（字体颜色）：■
未注册地理标志的特色农产品（字体颜色）：■

特色蔬菜瓜果类

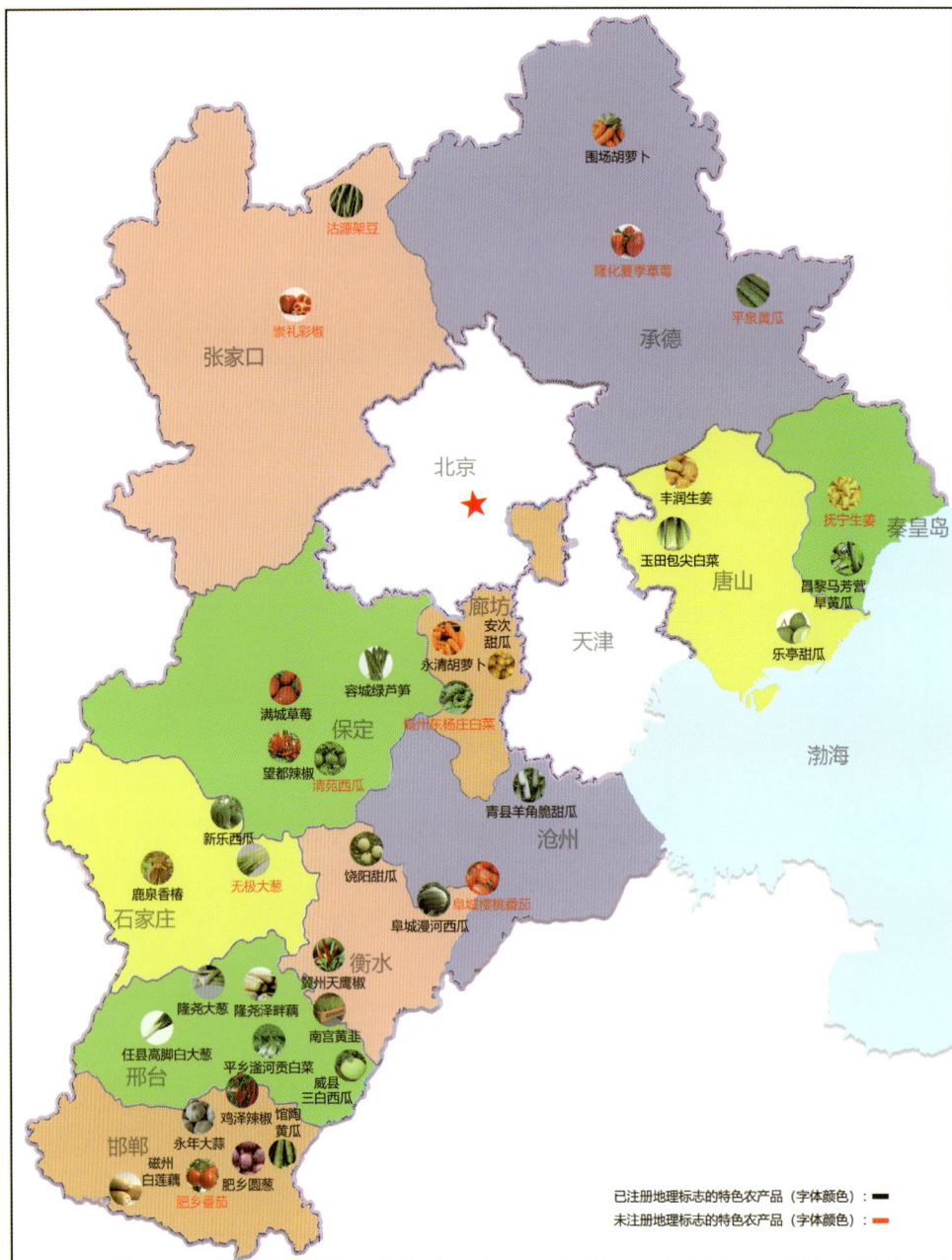

围场胡萝卜

沽源架豆

隆化夏季草莓

崇礼彩椒

平泉黄瓜

张家口

承德

北京

丰润生姜

抚宁生姜

秦皇岛

玉田包尖白菜

唐山

昌黎马芳营早黄瓜

廊坊

安次甜瓜

天津

乐亭甜瓜

永清胡萝卜

容城绿芦笋

满城草莓

保定

廊坊杨庄白菜

渤海

望都辣椒

清苑西瓜

青县羊角脆甜瓜

新乐西瓜

沧州

饶阳甜瓜

鹿泉香椿

无极大葱

阜城樱桃番茄

石家庄

阜城漫河西瓜

衡水

冀州天鹰椒

隆尧大葱

隆尧泽畔藕

南宫黄韭

任县高脚白大葱

平乡滏河贡白菜

威县三白西瓜

邢台

鸡泽辣椒

馆陶黄瓜

邯郸

永年大蒜

磁州白莲藕

肥乡圆葱

肥乡番茄

已注册地理标志的特色农产品（字体颜色）：■

未注册地理标志的特色农产品（字体颜色）：■

特色中药材和食用菌类

坝上口蘑
尚义枸杞
张家口

承德
滦平中药材 热河黄芩 平泉香菇
平泉滑子菇

兴隆食用菌
青龙北苍术
遵化香菇
迁西栗蘑
秦皇岛

蔚县知母

北京

唐山

廊坊
永清河北香菊

渤海

阜平香菇
白洋淀荷叶茶

保定

平山
黑木耳
灵寿丹参
安国中药材
蠡县麻山药
安国祁紫菀
天津

灵寿金针菇
深泽中药材
安平白山药

沧州

石家庄

衡水

邢台酸枣仁
巨鹿金银花 巨鹿枸杞
邢台
临西
食用菌

涉县
柴胡
涉县
连翘
邯郸

已注册地理标志的特色农产品（字体颜色）：███
未注册地理标志的特色农产品（字体颜色）：███

特色水果类

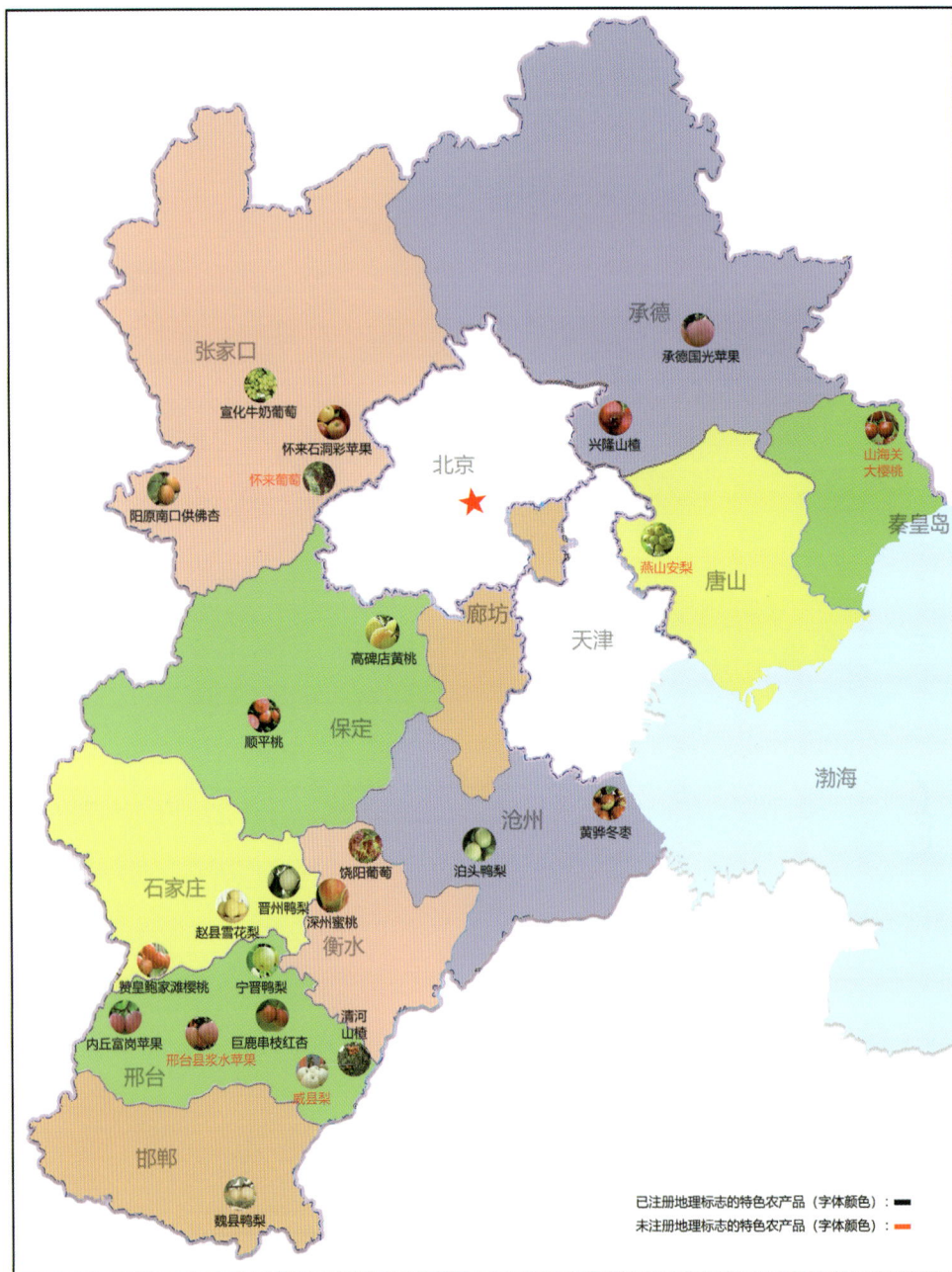

承德
承德国光苹果

张家口
宣化牛奶葡萄
怀来石洞彩苹果
怀来葡萄
阳原南口供佛杏

北京

兴隆山楂

山海关
大樱桃

秦皇岛

燕山安梨

唐山

廊坊

天津

高碑店黄桃

顺平桃

保定

渤海

沧州
黄骅冬枣

泊头鸭梨

饶阳葡萄

石家庄
晋州鸭梨
赵县雪花梨
深州蜜桃

衡水

赞皇蛲桃
宁晋鸭梨

清河
山楂

内丘富岗苹果
巨鹿串枝红杏
邢台县浆水苹果
威县梨

邢台

邯郸

魏县鸭梨

已注册地理标志的特色农产品（字体颜色）：■
未注册地理标志的特色农产品（字体颜色）：■

特色干果类

张家口

承德

宽城板栗

兴隆板栗

迁西板栗 京东板栗

北京

蔚县杏扁

卢龙石门核桃

秦皇岛

唐山

涞水麻核桃

廊坊

天津

保定

阜平大枣

唐县大枣

大城金丝小枣

渤海

沧州

平山绵核桃

行唐大枣

沧县金丝小枣

沧州金丝小枣

石家庄

衡水

赞皇大枣

新河大枣

临城薄皮核桃

南宫大枣

邢台

涉县花椒

邯郸

涉县核桃

已注册地理标志的特色农产品（字体颜色）：▬

未注册地理标志的特色农产品（字体颜色）：▬

特色畜禽和水产品类

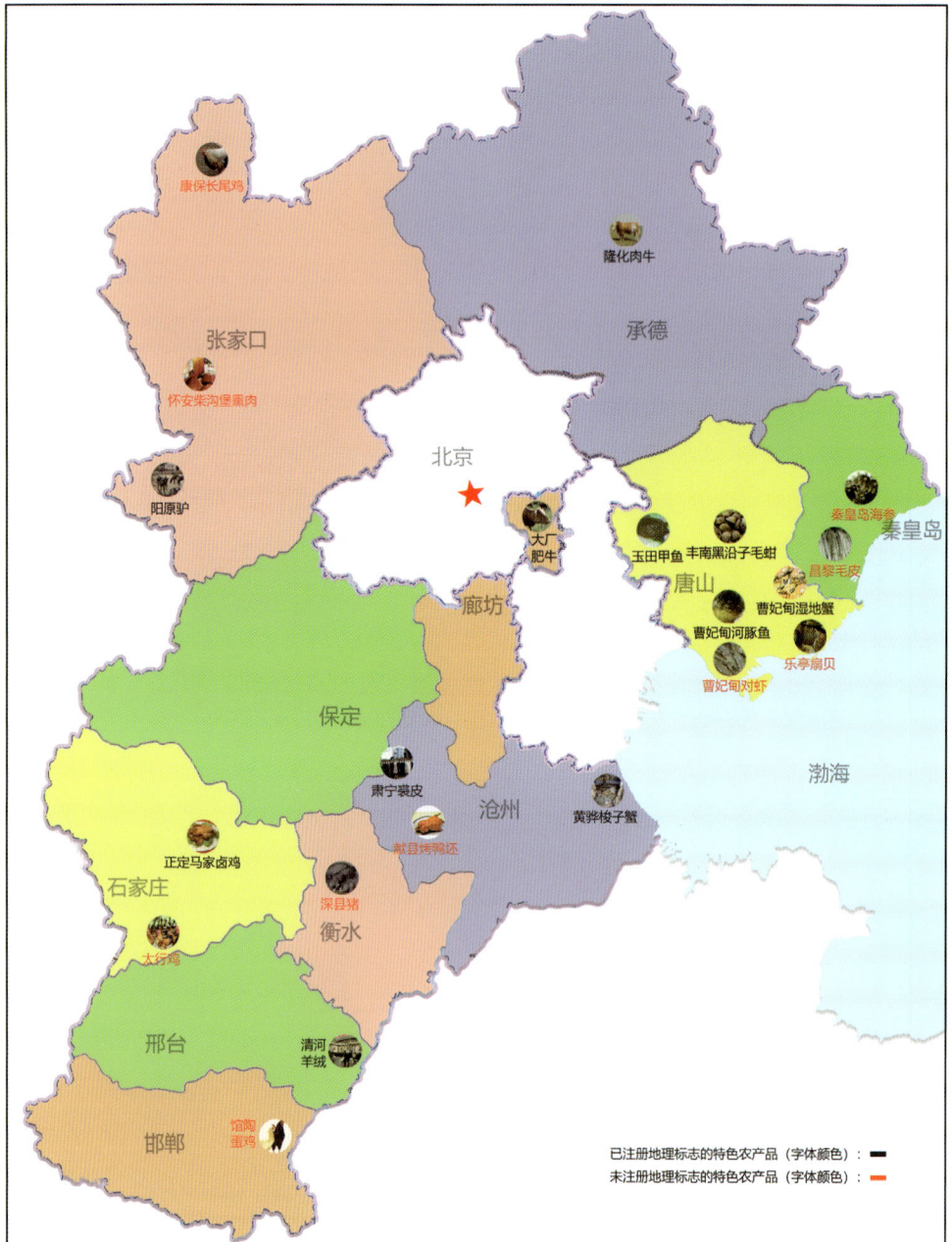

康保长尾鸡

张家口

怀安柴沟堡熏肉

阳原驴

隆化肉牛

承德

北京

大厂
肥牛

廊坊

玉田甲鱼 丰南黑沿子毛蚶

唐山

秦皇岛海参

秦皇岛

昌黎毛皮

曹妃甸湿地蟹

曹妃甸河豚鱼

乐亭扇贝

曹妃甸对虾

保定

肃宁裘皮

沧州

黄骅梭子蟹

渤海

献县烤鸭还

正定马家卤鸡

深县猪

石家庄

衡水

太行鸡

邢台

清河羊绒

邯郸

馆陶
蛋鸡

已注册地理标志的特色农产品（字体颜色）：■
未注册地理标志的特色农产品（字体颜色）：■

附录4 河北省十大农产品企业品牌分布图

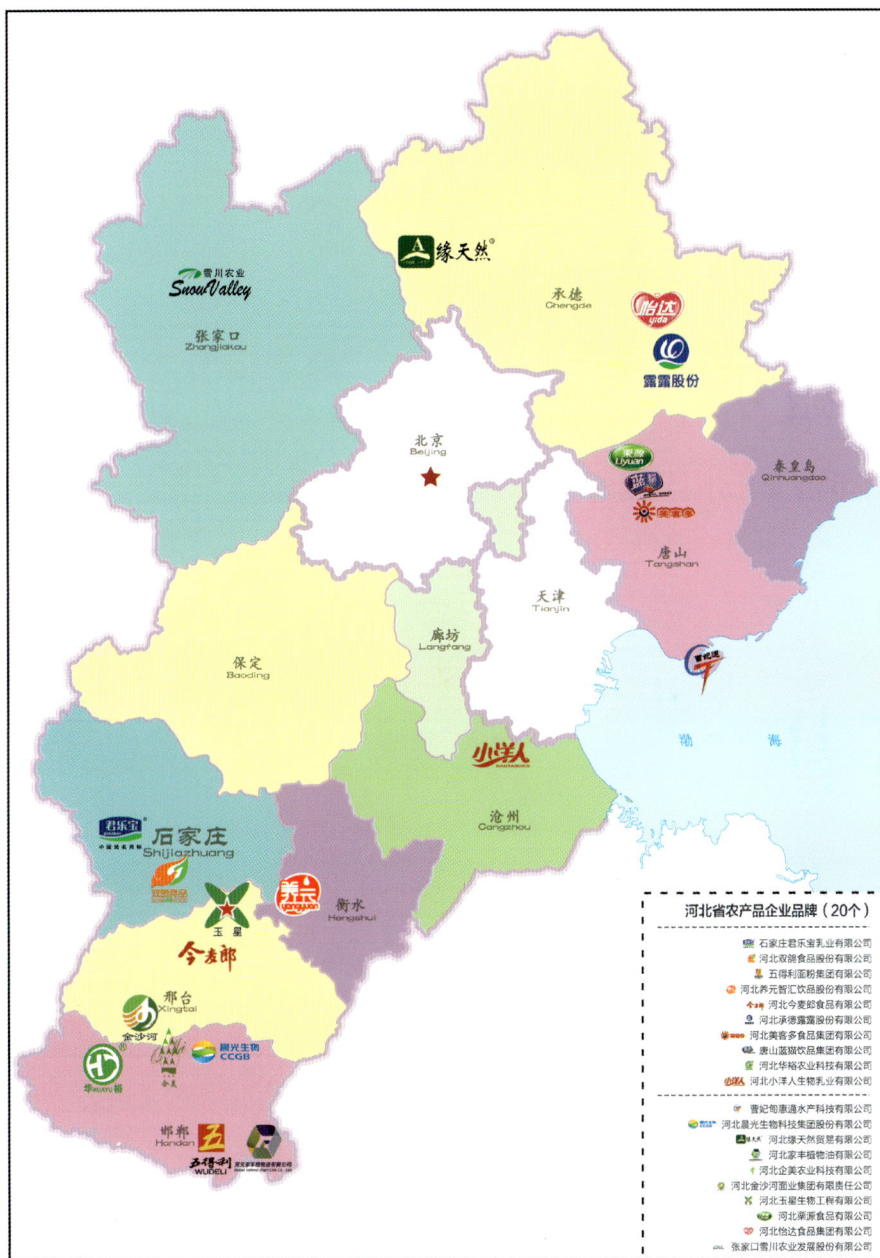

附录5 河北省十佳名优区域公用品牌分布图

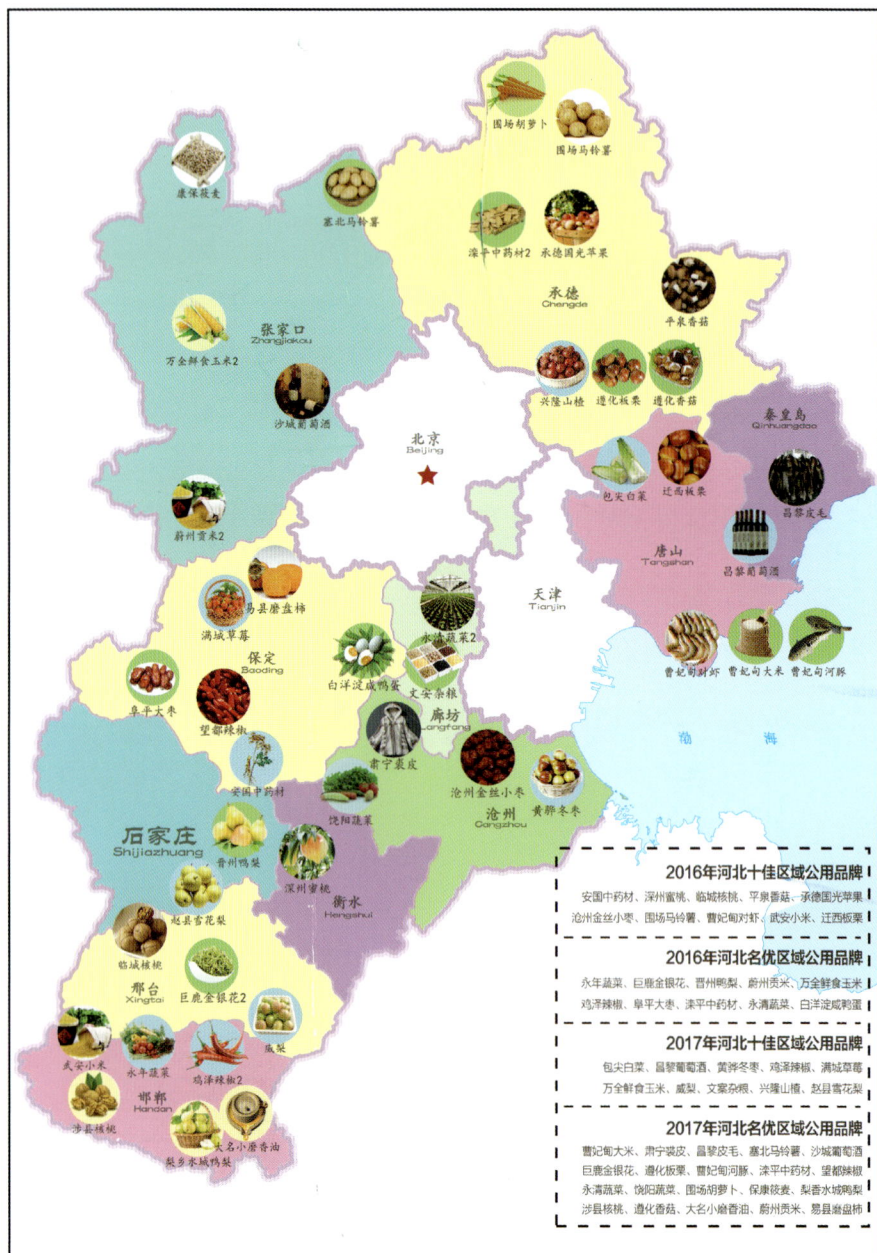

康保莜麦

坝北马铃薯

围场胡萝卜

围场马铃薯

滦平中药材2 承德国光苹果

承德
Chengde

平泉香菇

张家口
Zhangjiakou

万全鲜食玉米2

沙城葡萄酒

兴隆山楂 遵化板栗 遵化香菇

蔚州贡米2

北京
Beijing

秦皇岛
Qinhuangdao

包尖白菜 迁西板栗

昌黎皮毛

唐山
Tangshan

昌黎葡萄酒

易县磨盘柿

满城草莓

保定
Baoding

永清蔬菜2

文安杂粮

天津
Tianjin

曹妃甸对虾 曹妃甸大米 曹妃甸河豚

白洋淀咸鸭蛋

阜平大枣

望都辣椒

廊坊
Langfang

安国中药材

肃宁裘皮

石家庄
Shijiazhuang

晋州鸭梨

饶阳蔬菜

沧州金丝小枣 黄骅冬枣

沧州
Cangzhou

赵县雪花梨

深州蜜桃

临城核桃

衡水
Hengshui

邢台
Xingtai

巨鹿金银花2

威县

武安小米

水车蔬菜

鸡泽辣椒2

邯郸
Handan

涉县核桃

大名小磨香油

魏多水城鸭梨